《醒園録》注疏

[清] 李化楠　手抄

[清] 李調元　編纂

江玉祥 ◎ 注疏

四川人民出版社

圖書在版編目（CIP）數據

《醒園錄》注疏／江玉祥注疏. —成都：四川人
民出版社，2021.6
ISBN 978-7-220-12126-5

Ⅰ.①醒… Ⅱ.①江… Ⅲ.①飲食-文化-中國-清
代 ②《醒園錄》-注釋 Ⅳ.①TS971.2

中國版本圖書館 CIP 數據核字（2020）第 241957 號

XINGYUANLU ZHU SHU
《醒園錄》注疏

［清］李化楠 手抄 ［清］李調元 編纂
江玉祥 注疏

責任編輯	謝 雪 鄧澤玲
封面設計	四川勝翔
版式設計	戴雨虹
特約校對	李小依
責任印製	李 劍

出版發行	四川人民出版社（成都槐樹街 2 號）
網 址	http://www.scpph.com
E-mail	scrmcbs@sina.com
新浪微博	@四川人民出版社
微信公衆號	四川人民出版社
發行部業務電話	(028) 86259624 86259453
防盜版舉報電話	(028) 86259624
照 排	四川勝翔數碼印務設計有限公司
印 刷	成都東江印務有限公司
成品尺寸	146mm×208mm
印 張	15.5
字 數	260 千
版 次	2021 年 6 月第 1 版
印 次	2021 年 6 月第 1 次印刷
書 號	ISBN 978-7-220-12126-5
定 價	98.00 圓

目録

《醒園録》注疏

《醒園録》 卷下

目録

《醒園錄》注疏

前言：不好吳餐好蜀餐

——李調元與川菜

　　四川歷史上出現了一個奇迹：父子一門四進士，弟兄兩院三翰林。一門四進士：李化楠，乾隆壬戌科進士；李調元，乾隆癸未科進士；李鼎元，乾隆戊戌科進士；李驥元，乾隆甲辰科進士。兩院：指李調元、李鼎元曾簡放鄉試主考官[①]。在四川歷史上，只有宋代眉山蘇軾"一門三父子，都是大文豪"[②] 和明代新都楊慎"祖孫一門三進士，孫兒殿試中狀元"[③] 可以相比。

[①] 明清兩代在各省城舉行的科舉考試。每三年的秋天舉行一次，録取後稱舉人，第一名稱解元。舉人可參加次年春天在京城舉行的會試。鄉試之主考，亦稱院使。

[②] 父：蘇洵；子：蘇軾、蘇轍。

[③] 祖父楊春，成化十七年進士，官至湖廣提學僉事；父親楊廷和，成化十四年進士。楊慎是楊家入仕的第三代，正德六年二十四歲時參加會試，殿試第一成為本科狀元。

李調元生於清雍正十二年十二月初五日（1734 年 12 月 29 日），卒於嘉慶七年十二月二十一日（1803 年 1 月 14 日），字羹堂、秔塘，號雨村、贊庵、童山、鶴洲、卍齋、蠢翁，四川羅江人。乾隆二十八年（1763）中進士，改翰林院庶吉士，散館授吏部文選司主事。三十九年出任廣東鄉試副考官，回朝遷任考功司員外郎。四十二年任廣東學政。四十六年，擢升直隸通永兵備道，擔任一個正四品的道員。乾隆四十七年十二月初五，李調元在直隸通永道任上被權奸陷害，蒙冤下獄。乾隆四十八年發往新疆伊犁充軍，後蒙人說情赦免於充軍途中，納金贖罪，李調元乾隆五十年落職回四川。嘉慶七年病逝。縱觀李調元的一生，他是清代著名文學家、詩人、劇作家、藏書家，這在學術界幾乎沒有異議。本文主要論述他對四川飲食文化方面的貢獻，特別要分析一下他在川菜發展史上的地位和作用。

清嘉慶五年（庚申，1800），即李調元逝世前兩年寫了五首題為《題王朴園開業祝姬人柴浣芬五十壽詩冊，即用自題元韻》的詩：

一

墮馬當年學巧梳，弱齡便解弄兄書。
浣芬何似延芬女，竊恐莘昭總不如。

二

佳人難得複難求，何況齊眉半白頭。

如此錦江春色好，採春偏為鏡湖愁。

三

淮安題起便辛酸，不好吳餐好蜀餐。

莫是郎身舊王衍，摩訶依戀儘盤桓。

四

日歸日歸竟未歸，桐江空自想調饑。

不如將就宣華苑，百歲同心老釣磯。

五

我見伊人在水央，無聲中饋出肴觴。

昨朝惜不藍橋遇，要看沉檀步步香。

這組七言絕句的寫作背景是：嘉慶五年（1800）二月初，白蓮教義軍冉天元部由劍州下江油，逼近綿州。二月二十五日李調元攜家眷避難至成都，住張雲谷親家宅。三月十八日偕佘雲溪（驤）、潘東菴（元音）、張雲谷（邦伸）、李珠庭（元芝）一行五人乘籃輿（轎子）訪王樸園（開業）參軍。王樸園住居在高崎於成都少城背面的堞山園，此地隋代是蜀王池，前蜀是王衍的摩訶池舊址。"主人王樸翁，白髮蒼髯叟。聞知有客至，倒屣亟命尋。一見便歡然，此乃真吾偶。豈知十年前，召杜我父母。（作者自注：君曾為綿州少尉）。便開紹酒罈，自取金華肘。（作者自注：君金華人）。"主人留飲敘舊，議論形勢，一直到酉時方歸。席間王樸園捧出一本《祝姬人柴浣芬五十壽詩冊》請來賓題詩，李調元便題了上面所錄的五首詩。其中有一句"不好吳餐好蜀餐"是啥意思？那天，王樸園招待李調元一行五人的家宴是姬人（小妾）柴浣芬掌灶，"無聲中饋出肴觴"。如果說菜肴中既有吳餐（王樸園是浙江金華人）紹興酒金華肘（火腿），又有蜀餐（王樸園曾為綿州少尉，已習慣吃蜀餐），那麼這句話既是主人的選擇，也是李調元的喜好；如果主人要亮出自己做家鄉菜的手藝，讓客人嘗一下吳餐的味道，那天王氏家宴則盡為吳餐，那就全部表達的是李調元個人喜好。不管哪一種情況，"不好吳餐好蜀餐"都能表達李調元的飲食嗜好。

這裏就出現了兩個問題需要解答：其一，李調元所處的清乾嘉時代已有吳餐與蜀餐之分了嗎？換句話說，蘇菜（淮揚菜）、川菜兩大菜系已經形成了嗎？其二，李調元幼時曾從先君李化楠宦浙，從十八歲至二十四歲，在浙江生活了五年，無疑對吳餐印象深刻。李調元也說過："我雖生於蜀，吳越長在懷。十八便遊浙，書籍得恣窺。"難道還不習慣吳越的飲食，還沒有融入吳越的飲食文化、生活方式之中嗎？為了解決這兩個問題，筆者準備從三個方面來做些探討：第一，川菜菜系是什麼時候形成的？第二，李調元在日常生活中的飲食嗜好如何？第三，《醒園錄》是如何成書的？它在川菜歷史上的地位和作用是什麼？

一、川菜菜系的形成

中國傳統飲食文化的菜系，是指在一定區域內，由於氣候、地理、歷史、物產及飲食風俗的不同，經過漫長歷史演變而形成的一整套自成體系的烹飪技藝和風味，並被全國各地所承認的地方菜肴。魯菜、蘇菜（淮揚菜）、粵菜和川菜是中國傳統飲食文化的四大基本菜系。

川菜作為中國菜肴的一個菜系是什麼時候出現的？學術界一般認為，最早應追溯到北宋時期，根據就是宋人孟元老著《東京夢華錄》記載北宋都城汴梁（開封）的"食店"已有"川飯店""南食店"之分，這裏"川飯店"有兩個可能的含義：一是四川人開的飯店，二是四川味道的飯店。先看第一種可能，清顧炎武著《日知錄》卷三一"四川"條云："唐時，劍南一道止分東、西兩川而已。至宋，則為益州路（原注：後改為成都府路）、梓州路（原注：後改為潼川府路，即今潼川州）、利州路（原注：今保寧府廣元縣）、夔州路，謂之川陝四路，後遂省文名為四川。"如《宋史·徽宗紀二》，政和元年五月癸亥，"詔四川羡余錢物歸左藏庫"。在宋代，"四川"這一簡稱就已經作為官方的正式名稱，宋朝中央任命的地方大員，正式稱為"四川宣撫使""四川制置使"之類，便是明顯的例證。從孟元老所作《夢華錄序》可知，《東京夢華錄》所記大多是北宋徽宗崇寧到宣和（1102—1125）年間的情況，因此把四川人在東京汴梁開的飯店稱為"川飯店"是合乎當時流行說法的。再看第二種可能，看川飯店是否賣川食？《東京夢華錄·食店》："更有川飯店，則有插肉麵、大燠麵、大小抹肉淘、煎燠肉、雜煎事件、生熟燒飯。更有南食店：魚兜子、桐皮熟膾麵、煎魚飯。"所列川飯店經營的六種飯菜，以我們今日的川菜知識，都無法判斷是否是獨具四川特色的飯菜。

南宋灌園耐得翁《都城紀勝·食店》云："南食店謂之南食川飯分茶，蓋因京師開此店，以備南人不服北食者。"

"分茶"亦稱"分茶店"，宋時指酒菜店或麵食店。孟元老《東京夢華錄·食店》："大凡食店，大者謂之分茶。"南宋吳自牧《夢粱錄·麵食店》："大凡麵食店，亦謂之分茶店。"吳自牧著《夢粱錄》卷一六"麵食店"條敘述整個南宋時臨安（杭州）飲食狀況，說："向者汴京開南食麵店，川飯分茶，以備江南往來士夫，謂其不便北食故耳。南渡以來，幾二百餘年，則水土既慣，飲食混淆，無南北之分矣。"即是說，北宋飲食有北食、南食之分。南宋陸游詩中稱"北食"為"北饌"，稱"南食"為"南烹"。如，陸游《南烹》詩："十年流落憶南烹，初見鱸魚眼自明。堪笑吾宗輕許可，坐令羊酪借蓴羹。"又陸游《食酪》詩："南烹北饌妄相高，常笑紛紛兒女曹。未必鱸魚芼菰菜，便勝羊酪薦櫻桃？"詩中的"南烹"，主要是指長江下游地區的烹調風格、肴饌風味、飲食習慣與飲食生活的區域性文化特徵。川飯是歸入南食（南烹）一類的。南宋兩百餘年，北方來的士大夫和人民，已習慣了南方的飲食習慣，就無南北之分了。實際上，未南渡的人民，在金朝統治之下的士大夫仍然習慣北食。

當時南食類的"川飯分茶"（川飯酒菜店），有些什麼菜品呢？上引《夢粱錄》卷一六那段文字後接著說："若曰分茶，則有四軟羹、石髓羹、雜彩羹、軟羊焅腰子、鹽酒腰子、雙脆、石肚羹、豬羊大骨、雜辣羹、諸色魚羹、大小雞羹、攛肉粉羹、三鮮大燠骨頭羹、飯食。"顯然這十四類，就是南宋時川飯店常賣的菜品。鹽酒腰子，雙脆，今天成都的川菜名中還有遺存。今日川菜"炒腰花"

這道菜，製作過程中腰花清洗後用黃酒、鹽、少許澱粉浸泡半小時，可去除腥味；"火爆雙脆"即油爆豬肚頭、雞肫，還是川菜館子價廉物美的炒菜。

"軟羊焙腰子"的"焙"，《康熙字典》已集中"火部"引《玉篇》："苦告切。"《集韻》："口到切，音靠。本作熇。"其義為"火熱也，熾也，燒也"。這個"焙"字讀音"靠"，至今還保留在四川富順人的口語中，意思就是用一種食材來紅燒家禽家畜的肉而做成的葷菜。《夢粱錄》卷一六中的南宋菜品"軟羊焙腰子"即"軟羊燒腰子"，此外還有"焙腰子"（燒腰子）、"荔枝焙腰子"（荔枝燒腰子）、"五味焙雞"（五味燒雞）、"筍焙鵪子"（筍燒鵪子）、"八焙雞"（八燒雞）、"焙雞"（燒雞），"葱焙油煠"即用葱燒，用油煠（炸）。其他幾種菜品相當於今日什麼川菜，年辰久遠，便不得而知了。有一點可知，"雜辣羹"的辣味，不是今日的辣椒，而是食茱萸或芥末之味。若然，我們說宋代南食中已見川菜的雛形，大概離事實不遠。

中國菜肴中製作有煎、炒、炸（煠）、爨（汆）、溜、烤、燒、燜、煨、熬、炰、蒸、煮、烹、燉（炖）、炕、煸、烙、烘、拌等二十種基本的烹調法，其中燒、烤兩種方法出現最早，伴隨火的出現，就有了。炒菜是中國菜區別於其他菜肴特別是西洋菜肴的基本特徵，西洋人只具有煎、炸、烤、煨、拌這幾種。炒菜這種烹飪方法是宋朝纔出現的新式烹調法。《東京夢華錄》卷二"飲食果子"條有："炒兔""生炒肺""炒蛤蜊""炒蟹""炒雞兔"。南宋末元朝初，周密著《武林舊事》卷六"市食"條載南宋臨安（杭州）飯館有"炒螃蟹"一款菜品。今日川菜中也有"炒螃蟹""香辣螃蟹"這種烹調方法，這是沿海吃螃蟹很罕見的另類吃法。

元朝無名氏編撰的《居家必用事類全集》"肉下飯品"有"川炒雞"一款菜品。其做法如下：

> 每隻洗淨，剁作事件①。煉香油三兩，炒肉，入蔥絲、鹽半兩。炒七分熟，用醬一匙，同研爛胡椒、川椒、茴香，入水一大碗，下鍋煮熟為度。加好酒些小為妙。

"川椒"即四川的花椒，所用佐料體現了川菜特色。

明朝錢塘人高濂撰《飲饌服食箋》上有"炒羊肚兒""炒腰子"兩樣炒菜。其做法如下：

---

① 剁作事件：即切成塊。

炒羊肚兒：將羊肚洗淨，細切條子。一邊大滾湯鍋，一邊熱熬油鍋。先將肚子入湯鍋，筴籬一焯，就將粗布扭乾湯氣，就火急落油鍋內炒。將熟，加蔥花、蒜片、花椒、茴香、醬油、酒、醋調勻，一烹即起，香脆可食。如遲慢，即潤如皮條，難吃。

炒腰子：將豬腰子切開，剔去白膜筋絲，背面刀界花兒。落滾水微焯，漉起，入油鍋一炒，加小料蔥花、芫荽、蒜片、椒、薑、醬汁、酒、醋，一烹即起。

清乾隆年間文人袁枚著《隨園食單》中的炒菜有十三樣：炒肉絲、炒肉片、炒羊肉絲、炒雞片、梨炒雞、黃芽菜炒雞、栗子炒雞、生炒甲魚、炒鱔、炒蝦、炒蟹粉、炒雞腿蘑菇、醬炒三果。

清乾隆年間（1736—1795）寓居揚州的紹興籍鹽商童嶽薦撰輯的《北硯食單》（《童氏食規》），原書未見，但是我們從清佚名著《調鼎集》卷三《特牲部》、卷四《羽族部》、卷五《江鮮部》、卷八《茶酒單》還可見《北硯食單》（《童氏食規》）原書的內容。該書保存的用炒法製成的食品達一百零五種，其中就包括今天我們耳熟能詳的川菜名稱，例如炒大椒、炒春筍、炒蘿蔔絲、炒韭菜、炒芹菜、炒萵苣、小炒肉、炒豬腰、炒羊肉絲、炒瓜子、糖炒栗、炒花生、炒山藥片等。《調鼎集》所收菜肴品名主要以清乾隆年間揚州風味為主，也就是以吳餐為主。

據乾隆末年成書的李斗著《揚州畫舫錄》記載，當時揚州廚子最善烹飪炒菜。該書卷一一《虹橋錄下》：

> 城中奴僕善烹飪者，為家庖；有以烹飪為傭賃者，為外庖。其自稱曰廚子，稱諸同輩曰廚行。……烹飪之技，家庖最勝，如吳一山炒豆腐，田雁門走炸雞，江鄭堂十樣豬頭，汪南谿拌鱘鰉，施胖子梨絲炒肉，張四回子全羊，汪銀山沒骨魚，江文密饆蛑餅，管大骨董湯、鱉魚糊塗，孔訒庵螃蟹麵，文思和尚豆腐，小山和尚馬鞍喬，風味皆臻絕勝。

從揚州家庖即家常菜飯館所經營的拿手菜來看，主要是炒菜和涼拌菜。

乾嘉時的四川文人李化楠、李調元父子編輯的《醒園錄》記載了三道炒菜：新鮮鹽白菜炒雞法、炒野味法、炒鱔魚法。我們試將《醒園錄》和《調鼎集》記載的這三道炒菜的烹調法做一比較。

	《醒園錄》	《調鼎集》
新鮮鹽白菜炒雞法	肥嫩雌雞，如法宰了，切成塊子，先用葷油，椒料炒過，後加白水煨火燉之。臨吃，下新鮮鹽白菜，加酒少許。不可蓋鍋，蓋則黃色不鮮。	卷四《羽族部·雞·醃菜炒雞》："配嫩子母雞治淨，切成塊，先用葷油、椒料炒過，後加白水煨，臨用，下新鮮醃菜、酒少許，不可蓋鍋，蓋則色黃不鮮。"
炒野味法	炒野雞、麻雀及一切山禽等類，皆當用茶油為主（無茶油則用芝麻油），切不可用豬油。先將茶油同飯粒數顆，慢火滾數滾，撈去飯顆，下生薑絲炙赤，將鳥肉配甜醬瓜、薑切細絲，下去同炒數遍，取起，用甜酒、豆油和下再炒至熟，好吃。若麻雀取起時，當少停一會，纔下去再炒。	卷四《羽族部·鵪鶉·製鵪鶉》：洗淨一百隻，用椒鹽三兩，酒三碗，水三碗，葱六根，入瓶封口，隔水煮一日，晒乾，另貯瓶用。竹雞、鴿子、黃雀、鵪鶉俱用五香炒。凡炒野雞、麻雀及一切山禽，皆用茶油為主，如無茶油，則用芝麻油，切不可用脂油。先將油同熟飯數顆，慢火略滾，撈去飯粒，下薑絲炙赤，將禽肉配甜醬瓜、薑絲同炒數遍，取起，用甜酒、菜油和勻，再炒至熟。若麻雀，取起時停一刻，下去再炒。
炒鱔魚法	先將魚付滾水抄燙卷圈，取起，洗去白膜，剔取肉條，撕碎，用麻油下鍋，併薑、蒜炒撥數十下，加粉、滷、酒和勻，取起。	卷五《江鮮部·鱔魚·燴鱔魚》：取活魚入鉢，罩以藍布襯，滾水燙後洗盡白膜，竹刀勒開，去血，每條切二寸長，晾篩內，其湯澄去渣，肉用香油炒脆，再入脂油復炒，加醬油、酒、豆粉或燕菜燴。軟鱔魚取香油煮或炒，用豆粉，下鍋即起。下燙鱔，湯澄清，加作料，脂油滾，味頗鮮。

從上表可看出，《醒園錄》所收新鮮鹽白菜炒雞法、炒野味法、炒鱔魚法三道炒菜做法與《調鼎集》大同小異，相同部分屬於學習繼承，相異之處屬於發展和創新，相同之處多，相異之處甚少，說明李調元時代，雖有"蜀餐"之名，但川菜尚未走出"吳餐"樊籬，尚未表現出獨自的特色。沒有鮮明的特色，便不能成為單獨的菜系。

　　清道光年間刊刻的顧祿著《桐橋倚棹錄》卷一〇《市廛‧酒樓》所賣的炒菜有十五樣：炒三鮮、小炒、炒野雞、炒魚片、炒蟹斑、炒魚翅、炒海參、炒鴨掌、炒腰子、炒蝦仁、炒蝦腰、炒口磨、炒筍、炒素、炒肚乾。這裏反映的是清代嘉慶、道光時蘇州酒樓所賣的炒菜。雖然其中許多菜品名同於今日川菜，但其烹調法仍是蘇式南食的做法。

　　四川炒菜要用耳子鐵鍋，傳熱不快不慢，易於鍋鏟翻轉。炒菜的要訣是油多、火辣（猛）、佐料齊。四川炒菜最有特色幾樣菜，一是回鍋肉，二是魚香肉絲，三是泡豇豆炒肉。2005年12月15日日本朝日電視臺《食彩王國特別節目：中國四川料理》攝製組采訪筆者，問了一個問題：川菜中所稱"魚香××"菜系的正確理解應該是什麼？回答是：川菜中有魚香肉絲、魚香肉片、魚香茄子等魚香系列菜品。所謂"魚香"味，是四川人最有名的烹飪創造之一。"魚香"（fish-fragrant）的正確理解是四川人用做家常魚的調料烹製的菜品。四川人做家常味道的魚，一般用的佐料有泡海椒、泡薑、泡蒜、花椒，然後把佐料放進滾燙菜油中炸出香味，加鹽、糖、醋（泡菜油炸後本身有酸味，如酸味已夠，便不再加醋），起鍋時放葱，調出的味道為鹹、甜、酸、香。這種味就是所謂“魚香”味。

回鍋肉佐料離不得辣豆瓣醬，魚香肉絲佐料缺了泡海椒、泡薑便出不了魚香味。而辣豆瓣醬和四川泡菜的出現要晚至咸豐同治年間，證據就是曾懿的《中饋錄》。曾懿，女，字伯淵，又字朗秋。四川華陽縣（今屬成都）人。生卒年不詳（或云生於清咸豐二年）。據筆者考證，曾懿生活的時代為清道光（1821—1850）至光緒（1875—1908）這段時間。《中饋錄》成書年代應該在咸豐、同治、光緒三朝之間，而以光緒年間成書可能性最大。曾懿《中饋錄》首次出現了“製辣豆瓣法”和“製泡鹽菜法”：

第十二節　製辣豆瓣法

以大蠶豆用水一泡即撈起；磨去殼，剝成瓣；用開水燙洗，撈起用簸箕盛之。和麵少許，只要薄而均勻；稍晾即放至暗室，用稻草或蘆席覆之。俟六七日起黃霉後，則日晒夜露。俟七月

底始入鹽水缸內，晒至紅辣椒熟時。用紅椒切碎
侵晨和下；再晒露二三日後，用罈收貯。再甜酒
少許，可以經年不壞。

第十七節　製泡鹽菜法

泡鹽菜法，定要覆水罈。此罈有一外沿如暖帽
式，四周內可盛水；罈口上覆一蓋，浸於水中，使
空氣不得入內，則所泡之菜不得壞矣。泡菜之水，
用花椒和鹽煮沸，加燒酒少許。凡各種蔬菜均宜，
尤以豇豆、青紅椒為美，且可經久。然必須將菜晒
乾，方可泡入。如有霉花，加燒酒少許。每加菜必
加鹽少許，並加酒，方不變酸。罈沿外水須隔日以
換，勿令其乾。如依法經營，愈久愈美也。

曾懿說，四川泡菜“凡各種蔬菜均宜，尤以豇豆、青
紅椒為美，且可經久”。辣椒雖然在乾嘉時代已經傳到了四
川，但辣豆瓣要到咸豐、同治、光緒三朝期間纔出現並被
川人用於烹調。泡菜雖古已有之，但四川泡菜特別是泡海
椒也要到光緒年間纔普遍用於炒菜的佐料。這兩樣佐料進
入川菜的烹調，川菜一下就從籠統的南食中脫穎而出，以顯
著的特點區別於其他地方菜肴而自成一個體系——川菜菜系。

清朝宣統年間傅崇榘編《成都通覽》稱成都的餐館分包席館、南館和炒菜館。《成都通覽·成都之炒菜館及飯館》曰：

　　成都之炒菜館亦兼賣飯者，飯館亦有炒菜者。炒菜館菜蔬方便，咄嗟可辦，肉品齊備，酒亦現成。飯館可任人自備菜蔬交灶上代炒，每菜一鍋給火錢八文，相料①錢八文。飯館有鹽醃小菜，亦可送口，亦有售豆花者。炒菜館之肉菜價看炒幾份，以四份起碼，每份折錢八文，若白肉片則二份亦能買。

清周詢著《芙蓉話舊錄》卷二"肴饌"條記光緒三十年以前的成都：

　　通城包席館約有三四十家，當時宴客者無不設筵家中，且以此示敬重，故包席館只到人家出席，無一賣堂菜者。賣堂菜之最高者名曰南館，全城僅十餘家，其品味不及包席館之美備，遇倉

────────────

① 相料：即炒菜加的佐料。

卒客，亦可藉以應急。然其時風尚儉樸，鮮有虛
擲數金，作無端之厭飫者，故南館不甚發達。其
次則飯館，僅有家常肉蔬之品，以白片肉為最普
通，皆以分計，每分八文。每人二分或四分，即
足果腹，其價特廉，蓋以賣飯為主體，勞工多資
以饔飧，官商中無入此館者。

所謂"南館"就是專賣"吳餐"南食口味的餐館，炒
菜館則是成都市井小民經常照顧的飯館，成都飯館賣家常
便菜，從《成都通覽·成都之家常便菜》所列數十種家常
便菜看，亦以炒菜為主，例如：韭黃炒肉、炒腰花、炒腰
片、炒羅粉、炒豬肝、炒羊肝、炒細粉、炒片粉、回鍋
肉、牛肉芹菜、辣子肉、炒韭菜、炒韭菜花、炒藕、炒蒜
薹、炒地瓜、豆芽肉絲、辣子雞、炒雞雜、炒桂花蛋、泡
豇豆炒肉、炒腐皮、泡海椒炒肉等一百一十三種，成都飯
館菜肴的民俗特色尤其惹人注目。《成都通覽》不見"魚
香肉絲""魚香茄子"等魚香型菜肴，說明這些都是民國
年間纔出現的。到了清末民初，由於有獨具川味特色的回
鍋肉、泡豇豆炒肉、泡海椒炒肉、魚香肉絲、魚香茄子等
魚香型菜肴的出現，川菜菜系便正式基本定型了。宮保雞
丁是貴州菜，鍋巴肉片更是 20 世紀 40 年代中期出現的新

式菜品。迄今為止，川味只有量的增減而無質的變化，它已經成了四川人的生活方式的顯著特徵。

川菜菜系是在南食（南饌）的涵養之下，由四川原住民和外來移民廣泛吸收南北菜肴的精華，而逐漸融合形成的，適宜於近代四川族群生活享用的烹飪技藝和風味。

清初，四川經歷了長期戰亂，人口銳減，根據清朝順治十八年（1661）統計，四川人為一萬六千人。柯建中老師說，這可能僅是清王朝管轄下的川北三府的承糧丁數，據他推算，原數字似應校正為七萬六千九十八丁，這大概可以作為清初四川土著人口的一個參考資料①。清初，為了恢復四川經濟，統治者採取了很多措施，主要兩方面：一是招徠流亡。順治十年（1653），准四川荒地聽民開墾，官給牛種，酌量補還價值。康、雍時期，進一步採取了一系列具體措施，規定拋荒土地，任憑墾種，永占為業，五年起科。川民逃亡外省者，給付引照和路費，准其返回原地。外省人戶入川墾種者，准其入籍，並准其子弟參加入籍地區的科舉考試。又定招民事例，以三百戶為率，能如數安插者，各現任官不論俸滿即升；各候補官包括舉、貢、生員，均授以署職。當時，州縣官的首要任務就是招

① 柯建中等：《四川古代史》，四川人民出版社1988年版，第445頁。

徕流亡，而且收到了顯著效果。二是鼓勵移民入川。在康、雍、乾時期，從湖北、湖南、廣東、廣西、福建、江西、陝西、雲南、貴州九個省區來的成千上萬人口湧入四川，他們的數量很大。他們不是難民，而是揣著錢來四川占地、拓荒、發財的移民。這股持續不斷的移民浪潮是迅速克服四川人口危機的最主要因素。移民的人流，帶來了各地風俗文化，造成了乾嘉時代四川各地"五方雜處，俗尚各從其鄉"（嘉慶《江安縣誌》卷一）的四川人口結構的特點。各地來的移民也帶來了各自的飲食習慣，通過互相學習，交流融合，逐漸形成了大家認同的四川人的飲食習慣。這不是一朝一夕形成的，有一個慢長的磨合期。試看北宋"南渡以來，幾二百餘年，則水土既慣，飲食混淆，無南北之分矣"。清代四川移民潮從康熙元年（1662）開始，至宣統三年（1911）《成都通覽》的出版，也經過了二百四十九年的時間，川菜體系纔基本成型。

我們一方面斷定外來移民對川菜菜系形成起了主導作用，同時我們也要看到並且承認文人士大夫對一個菜系形成所起的重要作用。因為有錢有知識階級食不厭精、膾不厭細，他們纔有條件有餘暇來鑽研改進飲食文化，纔有創新菜品的美學眼光和欣賞趣味。乾隆年間的名士袁枚就是一位對吳餐有過貢獻的人，袁枚有一冊飲食名著《隨園食單》傳世。他在《隨園食單·序》中談到成書過程時說：
"余雅慕此旨，每食於某氏而飽，必使家廚往彼灶觚，執
弟子之禮。四十年來，頗集衆美。有學就者，有十分中得
六七者，有僅得二三者，亦有竟失傳者。余都問其方略，
集而存之。雖不甚省記，亦載某家某味，以志景行。"歷
經康雍乾三朝，曾出任過雲南、川陝、兩江總督的封疆大
吏尹文端公（尹繼善）對袁枚幫助尤多。袁枚在《隨園詩
話補遺》卷二之"五十"條曰："尹公晚年，好平章肴饌
之事，封篆餘閒，命余遍嘗諸當事羹湯，開單密薦。余因
得終日醉飽，頗有所稱引。"體現在袁枚《隨園食單》中
便有"尹文端公家風肉""常以進貢""尹文端公品味，以
鹿尾第一""尹文端公，自誇治鱘鰉魚最佳"的記載。除
此之外，袁枚採錄納入《隨園食單》的達官貴人的菜肴食
品還有"吳小谷廣文家製之極精"的"薰煨肉"，"楊明府
作肉圓，大如茶盃，細膩絕倫"，蔣御史家"隔水蒸爛"
的童子雞，蘇州包道臺家"製法最精"的雪梨炮炒①野
鴨，真定魏太守家的糯米"蒸鴨"，高要令楊公家的酒煮
"滷鴨"，揚州朱分司家製之最精的"紅煨鰻"，山東楊參
將家製的"全殼甲魚"，楊蘭坡明府"以南瓜肉拌蟹"的

——————————————————
① 炮（bāo）炒：即"爆炒"，指將鍋放在旺火上急炒。

"剝殼蒸蟹"，各具特色"蔣侍郎豆腐""楊中丞豆腐""王太守八寶豆腐"，徐兆璜明府家的雞湯"芋羹"，山東孔藩台家製"薄餅"，楊參戎家製"千層饅頭"，涇陽張荷塘明府家製的"天然餅"和"花邊月餅"等，都證明作為文人士大夫的袁枚在蘇菜吳餐發展史所起的繼承、保護、創新發展的歷程和作用。

李化楠、李調元父子和《北硯食單》（《童氏食規》）的編撰者童嶽薦及《隨園食單》的編撰者袁枚同處一個時代。李調元年輕時從先君宦浙，得袁製藝，伏而讀之，愛不釋手；後又從他人處得袁氏《小倉山房詩集》，潛心閱讀，欽佩有加；繼之書信往還，互贈著述，交誼頗深；但直至袁枚去世，李、袁二人都未能會面，故他在《哭袁子才前輩仍用前韻二首詩》曰："辨香遙奉是吾師，望斷龍門百尺枝。"李調元讀過袁枚《隨園詩話》，自然也能讀到《隨園詩話補遺》卷二之"五十"中的"尹公晚年，好平章肴饌之事"那段話，隨之他必然會產生讀《隨園食單》要求。關心飲食文化，講究菜肴的精美，在乾嘉名士特別是江浙文人集團中已蔚然成風。此風始於明代嘉靖、萬曆年間，其代表人物就是錢塘籍的文學家、藏書家高濂，他的代表性著作《飲饌服食箋》上中下三卷是明代著名的養生和烹飪古籍。進入清代以來，康熙年間，浙江嘉興人朱彝尊著有《食憲鴻秘》一書，也是很有名的烹飪古籍。李化楠、李調元父子生活在這麼一個飲食文化氣氛濃厚，飲食文化遺產豐富的文化環境中，這就為他們父子繼承、學習前輩傳統飲食文化遺產、吸收當時民間飲食烹飪技藝創造了條件，從而在飲食文化方面做出一些適合當時四川人生活方式的創新之舉。

李調元所處的乾嘉時代，蜀餐之名已有，蜀餐之實正在吸收南北飲食的精華的過程中，逐漸形成蜀餐川菜的特色。主要功績應歸功於明末清初移民的作用，李化楠、李調元父子的作用就是有意識地根據四川的民情風俗做了選擇性地引進、豐富、傳播。他們是巴蜀飲食文化轉型期繼往開來者之一。為了進一步驗證這個假設，我們有必要在下一節中，從李調元的詩文中考察一下李調元日常生活中吃的是蜀餐還是吳餐？

二、李調元詩文中的蜀餐

乾隆十八年（癸酉，1753），李調元十八歲，他的父親李化楠任浙江余姚縣知縣，建姚江書院，命李調元赴浙江學習，乾隆二十一年，調元回川應鄉試未中，遂返浙繼續擇師習科舉文。乾隆二十三年李調元隨父回羅江醒園丁祖父憂。李調元從十八歲至二十四歲，在浙江生活了五年，對吳餐應該很熟悉，印象深刻。廣東學政任上三年，在北方斷斷續續生活了十九年。從乾隆五十年李調元落職回家至嘉慶七年逝世，他在羅江鄉下過了十七年悠閒自得的生活，他的生活內容基本就是寫詩、課歌童，川內旅遊訪友，詩酒唱和。他回羅江的生活狀況從下面兩詩可以看出。

《童山詩集》卷二六《醒園遣興二首》（乾隆五十一年，丙午，1786）：

> 笑對青山曲未終，倚樓閒看打魚翁。
> 歸來衹在梨園坐，看破繁華總是空。
> 生涯酷似李崆峒，投老閒居杜鄠中。
> 習氣未除身尚健，自敲檀板課歌僮。

《童山詩集》卷三二《癸丑元旦》（乾隆五十八年，癸丑，1793）：

> 今歲初交六十春，居然忝作杖鄉人①。

----

① 《禮·王制》"六十杖於鄉"，後因用作六十歲的代稱。

前言：不好吳餐好蜀餐——李調元與川菜

023

屢經磨蠍仍無恙①，亂草靈符尚有神。

膳飲從遊隨日備，樓臺頻徙趁時新。

京華卻憶王門客，投刺今朝正逐輪。

　　"樓臺頻徙趁時新"，這句詩意指李調元居室追逐時尚，不斷更新。李調元的父親李化楠在羅江雲龍山北象山建了占地十畝、築室三楹的別墅"醒園"。李調元歸田，先是住居醒園，後又移居南村別業"囷園"，前有小西湖。他在《雨村詩話》（十六卷本）卷一一中有一段回憶，可以作"樓臺頻徙趁時新"詩句的注釋，他說："余歸田移居醒園，以其山居稍遠，後於南村當門隔溪另築別業，即少時書塾也。以田二十畝鑿為湖，湖中東築函海樓，西立愛蓮亭，界兩湖曰滄浪舫，前曰觀瀾閣，後曰聽泉亭，前左曰雲林館，右曰水月軒，中為檀林草堂，而堂之北曰紅梅書屋，繞舍皆梅。自是遊者絡繹不絕，不復問醒園矣。"

　　"膳飲從遊隨日備"，則指李調元嗜好飲食。傳世的四十二卷《童山詩集》中，提到幾十種菜肴食品名稱，有的還談及某種食品的吃法。即使僅僅出現一個食材名稱，我

① 磨蠍：即摩羯，星名，十二宮之一。迷信星象者，因謂生平遇事多折磨不利者為遭逢摩羯。

們也可根據與李調元同時的一些烹飪著作（如袁枚《隨園食單》和清朝乾嘉時期出現的《調鼎集》），大致推測出那種菜肴的烹調法，由此可窺李調元的飲食嗜好，考證出當時吳餐和蜀餐傳播交融的信息。

（一）豆花、豆腐、豆腐乳、豆豉

1. 《童山詩集》卷二八《豆腐四首》（和心齋韻）：

一

諸儒底事口懸河，總為誇張豆踏磨。

馮異蕪蔞嗤卒辦，石崇韲韭笑調和。

挏①來鹽滷醒醐膩，濾出絲羅湩液多②。

富貴何時須作樂，南山試問落其麼。

二

家用為宜客用非，闔家高會命相依③。

石膏化後濃於酪，水沫挑成縐似衣④。

---

① 挏（dòng）：拌動。
② 湩（dòng）：乳。
③ 李調元自注：明末吳宗潛有"大烹豆腐瓜茄菜，高會荊妻兒女孫"句。
④ 豆腐皮。

剁作銀條垂縷滑①，劃為玉段截肪肥②。

近來腐價高於肉，只恐貧人不救饑③。

三

不須玉豆與金籩，味比嘉肴盡可捐。

逐臭有時入鮑肆④，聞香無處辨龍涎⑤。

市中白水常成醉⑥，寺裏清油不礙禪⑦。

最是廣文寒徹骨，連筐秤罷臥空氊⑧。

四

敏捷詩慚七步成⑨，到門何敢荷歡迎。

菽吟秀水難追和⑩，乳讓蘇州獨擅名⑪。

華未擷時清可點⑫，渣全淨後白蓮成⑬。

家園漿果紅於染⑭，卻悔屠門逐隊行。

---

① 豆腐條。
② 豆腐塊。
③ 李調元自注：諺云豆腐搬成肉價錢。
④ 醃者為臭豆腐。
⑤ 乾者名五香豆腐乾。
⑥ 白水豆腐。
⑦ 清油豆腐。
⑧ 李調元自注：世謂廣文有連筐秤豆腐三斤之謔。
⑨ 李調元自注：曹子建七步成煮豆詩。
⑩ 李調元自注：朱彝尊子昆田，字西畯，有吟菽乳詩。
⑪ 姑蘇糟豆腐。
⑫ 李調元自注：豆花加米為點清餖。
⑬ 豆腐渣。
⑭ 李調元自注：染漿果葉煮豆腐極嫩。

2. 李調元《雨村詩話》十六卷本卷二：豆腐不知起於何時。按《本草集解》：“豆腐之法，始於漢淮南王劉安。”故宋朱子有《豆腐詩》云：“種豆豆苗稀，力竭心已腐。早知淮南術，安坐獲泉布。”蓋世傳淮南以丹藥點成也。然《蔬食譜禮》記啜菽飲水，菽，豆也。今豆腐條切淡煮，蘸以五辛，是漢以前已有之，但不名豆腐，而豆腐之名，迄見於宋元諸說部。明蔣仲舒《堯山堂外記》云：“何仲默少時，極能文，善於破冒。有出其鄉諺為對者，曰：‘張豆腐，李豆腐，一夜思量千萬計，明朝依舊賣豆腐。’破曰：‘姓雖異而業則同，心無窮而分有限。’”然未見詩。本朝海寧查他山慎行及尤西堂侗始作有《豆腐詩》，已膾炙人口。

3. 李調元《雨村詩話補遺》卷四：貴州李世傑總督四川，素清廉，喜食豆花，人稱為李豆花。豆花即豆腐之未成者。

豆腐之名最早見於五代時人陶穀撰《清異錄》卷上“官志·小宰羊”條：“時戢為青陽丞，潔己勤民，肉味不給，日市豆腐數個，邑人呼豆腐為小宰羊。”陶穀是五代時新平（今安徽南部）人，後周時作過翰林學士。青陽，唐代屬池州府，池州府轄境相當今安徽貴池、青陽、東至等縣地。五代時期，皖南地區百姓稱豆腐叫“小宰羊”，豆腐是文人釋讀的書面語。

南宋理學家朱熹《次劉秀野蔬食十三詩韻·豆腐》題解云："世傳豆腐本乃淮南王術"；詩云："種豆豆苗稀，力竭心已腐。早知淮王術，安坐獲泉布。""世傳豆腐本乃淮南王術。"表明此說由來已久。

南宋吳自牧《夢粱錄》卷一六"酒肆"條、"麵食店"條有"煎豆腐""豆腐羹"。

陸游詩《鄰曲》："濁酒聚鄰曲，偶來非宿期。拭盤堆連展①，洗釜煮黎祁②。"陸游詩《山庖》："新春穲稏（稻或稻搖動的樣子）滑如珠，旋壓犁祁軟勝酥。更剪藥苗挑野菜，山家不必遠庖廚。"

李調元《豆腐四首》（和心齋韻）（庚戌，1790）前一首名《移居同年王心齋宅，心齋懷寧令，以事系獄，久之得釋，今歸錦城，奉贈用前京中寄懷原韻》，可見《豆腐四首》寫於成都，歌詠的是成都豆腐。詩中歌詠了成都肆市上的豆腐皮、豆腐條、豆腐塊、臭豆腐、五香豆腐乾、白水豆腐、清油豆腐、姑蘇糟豆腐、豆腐渣。這些豆腐品種，至今仍是川菜和小吃的重要組成部分，大街小巷，隨

---

① 陸游原注：淮人以名麥餌。
② 陸游原注：蜀人以名豆腐。

處可買，隨時可吃。《醒園録》卷上也記載了"做香豆豉法""做水豆豉法""豆腐乳法""醬豆腐乳法""糟豆腐乳法""凍豆腐法"。這些豆製品鹹菜李調元同期江南也有，如朱彝尊《食憲鴻秘》有做水豆豉、香豆豉法，其中水豆豉法同李化楠《醒園録》做水豆豉法文字幾乎相同，顯然李調元父子是吸取了《食憲鴻秘》的做法。

（二）韭黃、腐乳、盦（ān）菔、鹹菹（zū）

1. 《童山詩集》卷一二《深州牧李五峰遣送小菜四種》：

未經出土氣含酥，小放筠籃似束芻。
短短麥苗無可雜，不須偷問石家奴。

——韭黃

纔聞香氣已先貪，白楮油封四小甔（dān）。
滑似流膏挑不起，可憐風味似淮南。

——腐乳

栽如諸葛蔓菁菜，煮比東坡玉糝（sǎn）羹。
如練土酥君不識，教人長是憶金城。

—— 盦菔

醯人加豆列名蔬，紫蓼青葵迥不如。

卻憶誠齋詩句好，一生只解貯寒葅。

——鹹葅

2.《童山詩集》卷一九《自題雙菘圖並序》：

雨村先生真腐儒，春食黃韭冬食蔬。

南行舟中一日無，思之不置描成圖。

3.《童山詩集》卷三二《小築》：

誰謂我貧，食不但韭。

誰言翁醉，意不在酒。

《童山詩集》卷一九《自題雙菘圖並序》寫於乾隆四十二年（丁酉，1777），當時李調元在京任吏部文選司主事，八月十六日奉旨提督廣東學政，九月十二日奉命自京起程，於十一月二十二日到任首事，因此該詩應寫於1777 年八月十六至九月十二日"南行舟中"，回憶在京中飲食嗜好，即"春食黃韭冬食蔬"。黃韭即韭黃，"冬食蔬"的"蔬"主要指菘，即白菜。

陸游《菜羹》："青菘綠韭古嘉蔬，蕈絲菰白名三吳。"韭菜歷史很悠久。《詩·豳風·七月》："四之日其蚤，獻羔祭韭。"四之日，即夏曆的二月，故杜注："謂二月春分獻羔祭韭，始開冰室。"東漢崔寔《四民月令》："二月祠太社之日，薦韭、卵於祖禰。"中國至遲在西漢時就已開始用火加溫來栽培蔬菜。西漢桓寬《鹽鐵論·散不足》描寫當時富人的奢侈生活有"冬葵溫韭"。溫韭，溫室裏培養起來的韭菜。元代王禎《農書》記載河北菜農作成陽畦，並利用馬糞發熱壅培舊韭根，取得初春最早生出的新韭。王禎《農書》中載有培育韭黃的實踐方法。古詩裏經常描寫一年四季均可吃韭菜。杜甫《贈衛八處士》："夜雨剪春韭，新炊間黃粱。"陸游《初夏》："剪韭醃齏粟作漿，新炊麥飯滿村香。先生醉後騎黃犢，北陌東阡看戲場。"陸游《新涼》："菰首初離水，薑芽淺漬糟。粳香等炊玉，韭美勝炮羔。"陸游《鹹齏十韻》："九月十月屋瓦霜，家人共畏畦蔬黃。小罌大甕盛滌濯，青菘綠韭謹蓄藏。"

宋浦江吳氏《吳氏中饋錄》記有宋代"醃鹽韭法"："霜前，揀肥韭無黃梢者，擇淨，洗，控乾。於瓷盆內鋪韭一層，糝鹽一層，候鹽、韭勻鋪盡為度，醃一、二宿，翻數次，裝入瓷器內。用原滷加香油少許，尤妙。"

元賈銘撰《飲食須知》卷三《菜類·韭菜》："春食

香，益人；夏食臭；冬食動宿飲。五月食之，昏人乏力。冬天未出土者名韭黃，窖中培出者名黃芽韭，食之滯氣，蓋含抑鬱未伸之故也。"

　　韭黃是川西特產，後魏賈思勰《齊民要術》卷三《種韭》引《廣志》曰："白弱韭（南宋本同，明刻本等無'白'字），長一尺，出蜀漢。"蘇軾《送范德孺》詩："漸覺東風料峭寒，青蒿黃韭試春盤。遙想慶州千嶂裏，暮雲衰草雪漫漫。"可見北宋時四川已有韭黃，而且馳名天下。南宋陸游《蔬食戲書》云："新津韭黃天下無，色如鵝黃三尺餘。"又《與村鄰聚飲》："雞蹠宜菰白，豚肩雜韭黃。"豚肩，豬腿。豚肩雜韭黃，是用豬腿肉和韭黃做餡包餃子，還是用豬腿肉炒韭黃肉片或炒韭黃肉絲，不得而知。《成都通覽·成都之家常便菜》有韭黃炒肉、炒韭菜、炒韭菜花，生活在清乾嘉時代的李調元又是怎麼烹調韭黃的呢？筆者想多半亦是韭黃炒肉絲、炒肉片吧！

　　腐乳，即豆腐乳。"白楮油封四小甒"，甒，口小腹大的瓦器，即浸油的白紙封了四個小罐豆腐乳。清李化楠《醒園錄》卷上介紹了一款"豆腐乳法"，三款"醬豆腐乳法"，兩款"糟豆腐乳法"。其"糟豆腐乳"製法如下：

每鮮豆腐十斤，配鹽二斤半（其鹽三分之中，當留一小分，俟裝罈時拌入糟膏內）。將豆腐一塊，切作兩塊，一重鹽，一重豆腐，裝入盆內，用木板蓋之，上用小石壓之，但不可太重。醃二日洗撈起，晒之至晚，蒸之。次日複晒複蒸，再切寸方塊，配白糯米五升，洗淘乾淨煮爛，撈飯候冷（蒸飯未免太乾，定當煮撈脂膏，自可多取為要）。用白麯五塊，研末拌勻，裝入桶盆內，用手輕壓抹光，以巾布蓋塞極密，次早開看起發，用手節次刨放米籮擦之，（次早刨擦，未免太早，當三天為妥。）下用盆承接脂膏，其糟粕不用。和好老酒一大瓶，紅麴末少許拌勻，一重糟一重豆腐，分裝小罐內，只可七分滿就好（以防沸溢），蓋密，外用布或泥封固，收藏四十天，方可吃用，不可晒日。（紅麴末多些好看，裝時當加白曲末少許纏松破。若太乾，酒當多添，俾膏酒略淹豆腐為妙。）

盦蕧：蕧，菜蕧，即蘿蔔。盦，《說文》："覆蓋也。"段注："此與大部奄音義略同。此謂器之蓋也。"即用罐覆蘿蔔乾。土酥，也是蘿蔔。元王禎《農書》言：北人蘿萄，一種四名：春曰破地錐，夏曰夏生，秋曰蘿萄，冬曰土酥，謂其潔白如酥也。唐杜甫《病後過王倚飲贈歌》："長安冬菹酸且綠，金城土酥淨如練。"仇兆鰲注："趙曰：'土酥者，土產之酥。'夢弼曰：'酥，牛羊乳所為，色白如練也。'"宋蘇軾《泗州除夜雪中黃實送酥酒》詩之二："使君半夜分酥酒，驚起妻孥一笑嘩。關右土酥黃似酒，揚州雲液卻如酥。"宋陳達叟編《本心齋蔬食譜》："土酥，蘆菔也。作玉糝羹。"蘆菔，即蘿萄。

　　清李化楠《醒園錄》卷下"醃蘿萄乾法"詳述了四川人盦菔的方法：

　　　七八月時候，拔嫩水蘿萄，揀五個指頭大的就好。不要太大，亦不可太老，以七八月正是時候。去梗葉根，整個洗淨，晒五六分乾，收起稱重。每斤配鹽一兩，拌揉至水出萄軟，裝入罈內蓋密。次早取起，向日色處，半晒半風，去水氣。日過萄冷，再極力揉至水出，萄軟色赤，又裝入罈內蓋密。次早仍取出風晒去水氣，收來再極力揉至潮濕軟紅，用小口罐分裝，務令結實。用稻草打直塞口極緊，勿令透氣漏風，將罐覆放陰涼地面，不可晒日。一月後，香脆可吃。先開吃一罐完，然後再開別罐，庶不致壞。若要作小葉菜碟用，先將蘿蔔洗淨，切作小指頭大條，約二分厚，一寸二三分長就好，晒至五六分乾。以下作法，與整蘿蔔同。

鹹葅，秋冬醃漬蔬菜，做醃菜。豆，盛食物的木製餐具。迥，形容差異很大。"醢人加豆列名蔬，紫蓼青葵迥不如。"《周禮‧天官‧醢人》："醢人掌四豆之實。朝事之豆，其實韭葅、醓（tǎn）醢、昌本、麋臡（ní）、菁葅、鹿臡。饋食之豆，其實葵葅、蠃（luǒ）醢、脾析、蠯（pí）醢、蜃、蚳（chí）醢、豚拍、魚醢。加豆之實，芹葅、兔醢、深蒲、醓醢、箔（chí）葅、雁醢、筍葅、魚醢。羞豆之實，酏（yǐ）食、糝食。""卻憶誠齋詩句好，一生只解貯寒葅。"出自南宋楊萬里的《芥齏》詩："苦薑馨辣最佳蔬，孫芥芳辛不讓渠。蟹眼嫩湯微熟了，鵝兒新酒未醒初。根香醋釀作三友，露葉霜芽知幾鋤。自笑枯腸成破甕，一生只解貯寒葅。"他還有一首《詠齏》詩。齏，細切的醬菜或醃菜。南宋楊萬里的詠齏詩多，沒有李化楠、李調元父子關於醃菜鹹菜的著作多。一部《醒園錄》很多談的就是怎麼做醬油醋豆豉豆腐乳，怎樣醃製蔬菜。這也是傳統農業社會裏的特點。

（三）芋頭

1. 《童山詩集》卷二六《食芋贈陳君章》：

> 栽樹多栽柳，可作析薪具。
>
> 種蔬多種芋，可作凶年備。
>
> 岷山多蹲鴟，陳家專其利。
>
> 十畝白沙乾，萬葉青枝翠。
>
> 攜鋤斸待客，撥火煨相饋。
>
> 氣作龍涎香，色過牛乳膩。
>
> 我老齒欲搖，咀嚼慚牛飼。
>
> 惟有玉糝羹，不觸諸牙恚。
>
> 書此以致謝，橫斜不成字。

2. 《童山詩話》卷二六《妙相院》（贈張三）：

> 一灣流水小橋西，妙相禪林大字題。
>
> 落葉盈堦僧不見，野花滿徑鳥爭啼。
>
> 乾坤容我聊龜息，日月催人老馬蹄。
>
> 獨有張三能御李，蹲鴟餉客味如雞。

芋頭，即芋芐，古代叫蹲鴟，是我國原生的古老蔬菜之一。司馬遷撰《史記》卷一二九《貨殖列傳》："蜀卓氏之先，趙人也，用鐵冶富。秦破趙，遷卓氏。卓氏見虜略，獨夫妻推輦，行詣遷處。諸遷虜少有餘財，爭與吏，求近處，處葭萌。惟卓氏曰：'此地狹薄。吾聞汶山之下，沃野，下有蹲鴟，至死不饑。民工於市，易賈。'乃求遠遷。"唐張守節《史記正義》曰："蹲鴟，芋也。言邛州臨邛縣其地肥又沃，平野有大芋等也。《華陽國志》云汶山郡都安縣有大芋如蹲鴟也。"

《文選》卷四《蜀都賦》："其園則有蒟蒻茱萸，瓜疇芋區。"《文選》李善注："疇者，界埒小畔際也。"李調元《雨村詩話》（十六卷本）卷一五："區，諸葛亮《表》所謂'有宅一區'也。"此處的"區"為區域，有一定界限的地方。"芋區"之區為分區耕種的田地，《齊民要術》引《氾勝之書》曰："種芋，區方、深皆三尺。取豆其內區中，足踐之，厚尺五寸。取區上濕土與糞和之，內區中其上，令厚尺二寸；以水澆之，足踐令保澤。取五芋子置四角及中央，足踐之。旱，數澆之。其爛。芋生，子皆長三尺。一區收三石。"

《太平御覽》卷九七五"果部"十二"芋"條引崔鴻《十六國春秋·蜀錄》曰："李雄剋成都，眾甚饑餒，乃將民就穀於郫，掘野芋而食之。"

《太平御覽》卷九七五"果部"十二"芋"條引《華陽國志》曰："何隨，字季業，蜀郫人。母亡，歸，送吏，饑輒取道側民芋，隨以帛系其處，使足所取直。民相語曰：'聞何安漢清民，取糧令為之償。'"

南宋陸游《蔬園雜詠·芋》云："陸生晝臥腹便便，歎息何時食萬錢。莫誚蹲鴟少風味，賴渠撐拄過凶年。"又《種菜》："恨君不見岷山芋，藏蓄猶堪過歲凶。"《飯罷戲作》："輪囷犀浦芋，磊落新都菜。"

宋陳大叟編《本心齋蔬食譜》："煨芋，煨香片切。"煨有兩義，一是用微火慢慢地煮；二是或把生芋放在帶火的灰裏燒熟，即陸游《劍南詩稿》八四《病思》之一："水碓春粳滑勝珠，地爐燔芋軟始酥。"

清袁枚《隨園食單》介紹了兩種：一是芋羹。芋性柔膩，入葷入素俱可。或切碎做鴨羹，或煨肉，或同豆腐加醬水煨。徐兆璜明府家，選小芋子，入嫩雞煨湯，妙極！惜其製法未傳。大抵只用作料，不用水。二是芋煨白菜。芋煨極爛，入白菜心，烹之，加醬水調和，家常菜之最佳者。惟白菜須新摘肥嫩者，色青則老，摘久則枯。此法同於今日四川家常菜"芋兒煮白菜"。

李調元愛吃燒芋頭。"攜鋤斸待客，撥火煨相饋。氣作龍涎香，色過牛乳膩。我老齒欲搖，咀嚼慚牛飼。惟有玉糝羹，不觸諸牙恚。""攜鋤斸待客，撥火煨相饋。"是說把剛從地裏挖出的芋頭放進柴草火中燒熟吃，其味可比蘇東坡稱讚的"玉糝羹"。什麼叫"玉糝羹"？玉糝羹，以蘆菔煮成的食品。宋蘇軾《分類東坡詩》一三《過子[1]忽出新意以山芋作玉糝羹色香味皆奇絕天》："香似龍涎仍釅白，味如牛乳更全清。莫將南海金虀膾，輕比東坡玉糝羹。"

宋代林洪著《山家清供》卷之上《玉糝羹》："東坡一夕與子由飲，酣甚，搥蘆菔爛煮，不用他料，只研白米為糝食之。忽停箸撫几曰：'或非天竺酥酡，人間決無此味。'"蘆菔，即萊菔即蘿蔔，又名雹突、紫花菘、溫菘、土酥。主治：散服及炮煮服食，大下氣，消穀和中，去痰癖，肥健人。李時珍稱之"根、葉皆可生可熟，可菹可醬，可豉可醋，可糖可臘，可飯，乃蔬中之最有利益者，而古人不深詳之，豈因其賤而忽之耶？抑未諳其理耶？"[2]

山芋作的玉糝羹叫"芋糝羹"，宋代就有，陸游《即事》有"雅聞岷下多區芋，聊試漢爐玉糝羹"；《晨起偶

---

① 蘇軾有三子：蘇邁、蘇迨、蘇過。
② 李時珍《本草綱目》"菜部"第二十六卷"萊菔"條。

題》有"風爐歜鉢生涯在，且試新寒芋糝羹"；《統分稻晚歸》有"村醪莫辭醉，羹芋學岷峨"，原注："是日作芋羹"；《幽居》有"芋魁加糝香出屋，菰首茫羹甘若飴"，原注："菰首，茭白也"；陸游四詩中的玉糝羹、芋糝羹、羹芋、芋魁加糝可能都是芋頭粥。《調鼎集》介紹了一款用生芋做的"玉糝羹"，其法："生芋搗爛擰汁，雞湯膾〔燴〕。"李調元認為燒芋頭好吃，因為他牙快落了，咀嚼困難，喜歡炪和的菜肴。

（四）玉米（御麥）

1. 《童山詩集》卷三一《番麥俗名御麥》：

> 山田番麥熟，六月掛紅絨。
> 皮裹層層筍，苞纏面面楞。
> 兒饑燒作果，郭哑釀成筒。
> 此口嘗新始，貪饞笑蠢翁。

2. 《童山詩集》卷三一《小河》：

> 巉巖盡處一溪清，便放肩輿步問程。
> 茅屋忽從崖裏出，板橋多在水中橫。

兒攀紅穗偷番麥，客斷青鞋續草莖。

不為看山安至此，大夫誰道不徒行。

明嘉靖三十九年（1560）前，玉米傳入我國。嘉靖三十九年《平涼府志》："番麥，一名西天麥，苗如蜀秫而肥短，末有穗如稻而非實，實如塔，如桐子大，生節間，花垂紅絨在塔末，長五、六寸，三月種，八月收。"明田藝蘅撰《留青日札》卷二六"御麥"條："御麥出於西番，舊名番麥，以其曾經進御，故曰御麥。幹葉類稷，花類稻穗。其苞如拳而長，其須如紅絨，其粒如芡實，大而瑩白。花開於頂，實結於節，真異穀也。吾鄉傳得此種，多有種之者。"田藝蘅，錢塘人田汝成之子，大約生活在明嘉靖、隆慶和萬曆初這一段時間內，即公元1522至1588年之間。

上引李調元《番麥俗名御麥》詩說"兒饞燒作果"，燒嫩包穀吃。《小河》詩說"兒攀紅穗偷番麥"，未言吃法，或者仍是火燒嫩包穀；或者拿回家，煮嫩包穀吃。清王士雄撰《隨息居飲食譜·穀食類·玉蜀黍》："玉蜀黍①嫩時採得，去苞須煮食，味甚甜美。老則粒堅如石，舂磨

---

① 玉蜀黍：一名玉高粱，俗名苞蘆，又名紇粟，又名六穀。

為糧，亦為救荒要物。但粗糲性燥，食宜半飽，庶易消化。"王士雄是清嘉、道、咸、同時浙江海寧人，曾移居杭州、上海。至今四川人還喜食煮嫩包穀。

（五）豬肝、豬腰

1. 《童山詩集》卷二六《道途》：

> 道途負載誰能免，飽煖其如肉食難。
>
> 未老皮膚憐馬齒，累人口腹尚豬肝。
>
> 風能醒酒來吹面，日為高眠漸過竿。
>
> 世態一般多冷熱，算來只有自加餐。

2. 《童山詩集》卷三四《正月初二日題曹大姑壁》：

> 今年春興比前超，鑼鼓隨身破寂寥。
>
> 高親家中啖牛脯，曹姑宅內吃豬腰。
>
> 人逢日暖神增爽，鳥遇天晴語倍囂。
>
> 我妹明年交六十，管絃預當賀生朝。

《道途》詩中之"馬齒"，指馬的牙齒隨年齡而添換，看馬齒可知馬的年齡，常以為謙詞，借指自己的年齡。北周庾信《謹贈司寇淮南公詩》："猶憐馬齒進，應念節旄稀。""累人口腹尚豬肝"這個典故出自《後漢書》卷五三《周黃徐姜申屠列傳》："太原閔仲叔者[①]，世稱節士，雖周黨之潔清，自以弗及也。黨見其含菽飲水，遺以生蒜，受而不食[②]。建武中，應司徒侯霸之辟。既至，霸不及政事，徒勞苦而已。仲叔恨曰：'始蒙嘉命，且喜且懼；今見明公，喜懼皆去。以仲叔為不足問邪，不當辟也。辟而不問，是失人也。'遂辭出，投劾而去[③]。復以博士徵，不至。客居安邑。老病家貧，不能得肉，日買豬肝一片，屠者或不肯與，安邑令聞，勑吏常給焉。仲叔怪而問之，知，乃歎曰：'閔仲叔豈以口腹（飲食）累（牽累）安邑邪？'遂去，客沛。以壽終。"古代只有窮人吃豬肝，明李時珍《本草綱目》獸部第五十卷"豕"條時珍曰引《延壽書》云："豬臨殺，驚氣入心，絕氣歸肝，俱不可多食，必傷人。"然而豬肝主治"冷勞臟虛""補肝明目""療肝虛浮腫"，李時珍曰："肝主藏血，故諸血病用為嚮導入肝。《千金翼》治痢疾有豬肝丸，治脫肛有豬肝散，諸眼

---

① 謝忱《書》曰："閔貢字仲叔。"
② 黨與仲叔同郡，亦貞介士也。見《逸人傳》皇甫謐《高士傳》曰："党見仲叔食無菜，遺之生蒜。仲叔曰：'我欲省煩耳，今更作煩邪？'受而不食。"
③ 案罪曰劾，自投其劾狀而去也。投猶下也。今有投辭、投牒之言也。

目方多有豬肝散。"《隨園食單》無豬肝吃法，後來夏曾傳（1843—1883）著《隨園食單補證》補豬肝吃法三式："豬肝切片以網油包而炸之，用醬蘸，以嫩為佳，杭式也。或以網油、醬油、葱段炒之，加縴粉噴醋焉，北法也。或搗爛加葱、薑，如製豆泥、雞粥之式，亦北法也。或以網油、薺菜油炒之，蘇式也。"清佚名《調鼎集》卷三《特牲部·豬肝》的吃法共有十種，其實也未超出杭式、蘇式、北法（北方吃法）三類烹調方式。

豬腰的吃法，清佚名《調鼎集》卷三《特牲部·豬·豬腰》介紹清乾嘉時代，吳餐"炒豬腰法"："腰片炒枯則木，炒嫩則令人生疑，不如煨爛，蘸椒鹽用之為佳，但須一日工夫纔得如泥耳。此物只宜獨用，斷不可摻入別菜中，最能奪味。又，蛋白切條配腰絲炒。切片背劃花紋，酒浸一刻取起，滾水焯，瀝乾，熟油炮炒，加葱花、椒末、姜米、醬油、酒、微醋烹。韭菜、芹菜、荸薺片，俱可配炒。又，配白菜梗丁、配腰丁炒。"名曰炒豬腰，實際第一種應叫"煨豬腰泥"，而這段文字與袁枚《隨園食單》特牲單"豬腰"條大同小異。餘下三種應分別名曰：蛋白條炒腰絲、炮炒腰片（又分淨炒和配菜炒兩種）、炮炒腰丁（配白菜梗丁）。炮炒腰片至今川菜常見，推測李調元時就已採納此種烹調法。不過，今日川菜炮炒豬肝、豬腰離不得兩樣佐料：一是泡海椒，二是泡薑。在李調元所處的清乾嘉時代，均未出現。

（六）食魚

《童山詩集》中提到食魚計有九處，分別見：《童山詩集》卷一《喜晴二首仍用前韻，是日遲，蔣、劉二生未至》；《童山詩集》卷四二《三月初四日清明，華陽高君若愚同溫漢臺邀張桐軒、李延亭、潘東庵、蕭恒齋及余與杜耐庵，出東門踏青遂登白塔寺至薛濤井並謁其墓，墓久蕪沒，華陽徐明府始為剪除，觀歎久之，晚高君置酒於真武宮，即席得詩十首》；《童山詩集》卷三一《題弟惕齋煙波垂釣圖》；《童山詩集》卷四《登蕪湖城》；《童山詩集》卷四《飲何文淵前輩達者堂》；《童山詩集》卷三〇《九月二十九日由南村至楊家庵》；《童山詩集》卷三四《二月三日至團堆壩訪孟時三丈適入山尋藥不遇見葉贊之（天相）毛殿颺（德純）兩秀才攜尊邀至梓潼宮觀劇底暮盡歡而散》；《童山詩集》卷三五《白魚鋪有彭生饋鹽魚有感而作》；《童山詩集》卷三〇《奉和綿州潘使君訒齋（邦和）重陽前一日六十初度寄兄四十韻》。說明李調元對魚的嗜好。

從魚的種類計，有：紅鯉、雙鯉、赤鯶（鯇，huàn，即草魚）、鮮鱒、糟魴、龜魚、刺婆魚（鱸魚）、鹽魚。

這些魚怎麼烹食呢？

1. 鱸魚

李調元注："蜀謂鱸為刺婆魚"，筆者的家鄉雙流也叫刺婆魚。傳說江浙一帶傳統要加蒓菜作膾。明黎民表《瑤石山人詩稿》十一《過范山人雙塔寺旅舍》："燕酒味濃誇薏苡，越鄉心斷有鱸蒓。"鱸魚與蒓菜，產於江浙，晉張翰在都，見鱸蒓而起鄉思，因辭官歸。後詩文中常以鱸蒓為思鄉之典，典出《晉書》卷六二《文苑傳‧張翰》。張翰，字季鷹，吳郡吳人也。齊王冏辟為大司馬東曹掾。"翰因見秋風起，乃思吳中菰菜、蒓羹、鱸魚膾，曰：'人生貴得適志，何能羈宦數千里以要名爵乎！'遂命駕而歸。"這裏談了秋天吳中三種名菜：菰菜、蒓羹、鱸魚膾。

《世說新語‧識鑒》："張季鷹辟齊王東曹掾，在洛見秋風起，因思吳中菰菜羹、鱸魚膾，曰：'人生貴得適意爾，何能羈宦數千里以要名爵！'遂命駕便歸。"只說了兩種菜：菰菜羹、鱸魚膾。

初唐歐陽詢行書《張翰帖》內容敘述張翰生平事迹，最後兩行稱"翰見秋風起，乃思吳中菰菜、鱸魚，遂命駕而歸"。

《太平御覽》卷八六二"飲食部"二十"膾"引《春

秋左助期》曰："八月雨後，茈菜生於洿①下，作羹臛甚美。吳中以鱸魚作膾，茈菜為羹，魚白如玉，菜黃若金，稱為金羹玉鱸，一時珍食。"

可見張翰見秋風起，思念的是吳中兩樣美食：一是菰菜羹，二是鱸魚膾。《晉書·張翰傳》變成了三樣：菰菜、蓴羹、鱸魚膾。

羹臛，都是帶湯的葷菜，但羹也可以是素的。東漢王逸注《楚辭·招魂》："有菜曰羹，無菜曰臛。"孔安國注《尚書·說命》："羹須鹽醋以和之。"《釋名·釋飲食》："羹，汪也，汁汪郎也。""臛，蒿也，香氣蒿蒿也。"總之，羹是多菜的多汁的，帶酸的，臛是濃重少汁的。

後魏賈思勰《齊民要術》卷八《臛羹法》："食膾魚蓴羹：芼羹之菜，蓴為第一。""魚、蓴等並冷水下。若無蓴者，春中可用蕪菁英，秋夏可畦種芮菘、蕪菁葉，冬用薺葉，以芼之。蕪菁等宜待沸，接去上沫，然後下之。皆少著，不用多，多則失羹味。乾蕪菁無味，不中用。豆汁於別鐺中湯煮一沸，漉出滓，澄而用之。勿以杓捼，捼則羹濁——過不清。煮豉但作新琥珀色而已，勿令過黑，黑則鹹苦。惟蓴芼而不得著葱、虀及米糝、菹、醋等。蓴尤不

---

① 洿（wū）：低窪，也指池塘。

宜鹹。羹熟即下清冷水，大率羹一斗，用水一升，多則加
之，益羹清儁甜美。下菜、豉、鹽，悉不得攪，攪則魚尊
碎，令羹濁而不能好。《食經》曰：'尊羹：魚長二寸，惟
尊不切。鱧魚，冷水入尊；白魚，冷水入尊，沸入魚。與
鹹豉。'又云：'魚長三寸，廣二寸半。'又云：'尊細擇，
以湯沙之。中破鱧魚，邪截令薄，准廣二寸，橫盡也，魚
半體。煮三沸，渾下尊。與豉、漬鹽。'"

　　陸游《戲詠山陰風物》詩句"湘湖尊菜豉偏宜，"原
注："尊菜最宜鹽豉。所謂未下鹽豉者，言下鹽豉則非羊
酪可敵，蓋盛言尊羹之美爾。"《菜羹》："青菘綠韭古嘉
蔬，尊絲菰白名三吳。"《對酒》："巋肩柴熟罷，尊菜豉初
添。"《禹祠》："豉添滿箸尊絲紫，蜜漬堆盤粉餌香。"《食
薺糝甚美，蓋蜀人所謂"東坡羹"也》："尊羹下豉知難
敵，牛乳抨酥亦未珍。"

　　《齊民要術》說做膾魚尊羹以鱧魚、白魚。白魚，即
鮊，是鯉科，有多種。南宋陸游《初夏》："山波尊菜滑，
上市鱭魚（刀魚）鮮。"

　　《童山詩集》卷一《喜晴二首仍用前韻，是日遲，蔣、
劉二生未至》中有"蓉溪客至烹紅鯉，綿竹人來饋白尊"，
紅鯉配白尊，顯然是膾魚尊羹，這是吳餐做法。四川的鱸
魚（刺婆魚）又是怎麼烹調呢？

清人朱彝尊撰《食憲鴻秘》下卷《魚之屬·鱸魚膾》介紹了清朝康熙年間江浙地區鱸魚膾的做法："吳郡（江按：蘇州）八九月霜下時，收鱸魚三尺以下，劈作鱠（江按：指魚肉片），水浸布包，瀝水盡，散置盆内。取香柔花葉相間細切，和膾拌勻。霜鱸肉白如雪，且不作腥，謂之'金虀玉鱠，東南嘉味'。"

　　李時珍《本草綱目》"鱗部"第四十四卷"魚鱠"條，時珍曰："魚生①劊切而成，故謂之鱠。凡諸魚之鮮活者，薄切洗淨血腥，沃以蒜齏、薑醋、五味食之。"四川現在無吃魚生的習慣，不知李調元時代有無此習俗？

　　清佚名撰《調鼎集》卷五《江鮮部》介紹了鱸魚的四種吃法：

　　蒸鱸魚：將魚去鱗、肚、腮，用醬油、火腿片、筍片、香蕈、酒、蔥、薑清蒸。

　　鱸魚湯：鱸魚切片，雞湯、火腿、筍片、醬油作湯，少入蔥、薑。

　　拌鱸魚：熟魚切絲，加蘆筍、木耳、筍絲、醬油、麻油、醋拌。

　　花鹽鱸魚：全魚治淨，將肉厚處剖縫，嵌火腿片，加

---

① 魚生：生魚片。

香蕈絲、筍絲、醬油，須燒或膾。

以上四法，清蒸鱸魚遺傳至今，成為川菜普遍採納的鱸魚烹調法。推測李調元如不喜歡吳餐做法，很可能就是吃清蒸鱸魚。

2. 糟魴

清李化楠《醒園錄》卷上介紹了兩種糟魚法：一是糟魚法，二是頃刻糟魚法。

> 糟魚法：將魚破開，不下水，用鹽醃之。每魚一斤，約用鹽二三兩，醃二日，即於滷內洗淨，再以清水擺淨，去鱗翅及頭尾，於日中晒之。候魚半乾（不可太乾），砍作四塊或八塊（肉厚處再剖開），取做就之糟（即前法所云：擠酒之糟，加鹽少許，裝入罈內，候發香糟物者是也）聽用。每魚一層，蓋糟一層，上加整花椒，逐層用糟及椒，安放罈內。如糟汁少，微覺乾，便取好甜酒，酌量傾入，用泥封罈口，四十天後可吃。臨吃時，取魚帶糟，用豬板油細丁，拌入碗盛蒸之。

> 頃刻糟魚法：將醃魚洗淡，以糖霜入火酒內，澆浸片刻，即如糟透。鮮魚亦可用此法。

3. 赤鯶

清佚名撰《調鼎集》卷五《江鮮部·鯶魚》："一呼青鯶，因其色青也。一呼草魚，因其食草也。有青白二種，白者味佳，以西湖林坪畜者為最。"製鯶魚法，《調鼎集》介紹了五種：家常煎魚、醋摟鯶魚、魚鬆、瓠子煨鯶魚、醒酒湯。其中"家常煎魚"法如下："須要耐性，將鱗血洗淨，切塊，鹽醃壓扁，入油中兩面煿黃，加酒、醬油，文火慢慢滾之，然後收湯作滷，使作料滋味全入魚中。"這種先煎後燒的做法也是川菜常常採用的烹草魚法。

4. 鰣魚

清佚名《調鼎集·鰣魚》卷五"江鮮部"："鰣魚（四月有，五月止）。性愛鱗，一與網值，帖然不動，護其鱗也。起水即死，性最急也。口小身扁，似魴而長，色白如銀，尾與脊多細刺，以枇杷葉裹蒸，其刺多附葉上。剖去腸，拭血水，勿去鱗，其鮮在鱗，臨供剔去可也。"

"鰣魚：用甜酒蒸用，如治鰶魚之法便佳。或竟用油煎，加清醬、酒娘亦佳。萬不可切或碎塊，加雞湯煮，或去其背，專取肚皮，則真味全失矣，戒之。"

"煮鰣魚：洗淨，腹內入脂油丁二兩，薑數片，河水煮，水不可寬，將熟，加滾肉油湯一碗，爛少頃，蘸醬油。"

此外還有蒸鰣魚、紅煎鰣魚、淡煎鰣魚、鰣魚圓、鰣魚豆腐、醉鰣魚、糟鰣魚、煨三魚、鰣魚膾索麵、鰣魚麵、鰣魚羹等烹調法。

5. 鯉魚

《童山詩集》卷四二《三月初四日清明，華陽高君若愚同温漢臺邀張桐軒、李延亭、潘東庵、蕭恒齋及余與杜耐庵，出東門踏青遂登白塔寺至薛濤井並謁其墓，墓久蕪沒，華陽徐明府始為剪除，觀歎久之，晚高君置酒於真武宮，即席得詩十首》云："多謝耐庵分半主，自提雙鯉掛僧櫺。"

清明節真武宮晚餐，李調元提去的"雙鯉"是怎麽烹調的？不得而知。清佚名撰《調鼎集》卷五"江鮮部"介紹了燒鯉魚塊、燒鯉魚白、醉鯉白、鯉魚腸、燒風魚、風魚煨肉、烹鯉魚腴、紅燒鯉魚唇尾、鯉魚尾羹、鯉魚片、糟鯉魚（兩種）、簡便糟鯗、頃刻糟魚、醉魚、風魚、醉鯉魚腦、炙鯉魚、鯉魚羹、鯉魚腊、油炸鯉魚、五香鯉魚、拌鯉魚二十三種吃法，最大可能是燒鯉魚塊、油炸鯉魚、五香鯉魚三種吃法比較切合那種場合。其做法如下：

"燒鯉魚塊：切塊醃透，晾乾，用醋乾燒，加薑米、葱花。"

"油炸鯉魚：火鯉（紅鯉魚）一尾治淨，以快刀披薄片，不下水，用布拭乾，每魚肉一斤，鹽三錢，內抽用一錢略醃，取起捏乾，再用存下鹽並香料雜揉一時，晾乾油炸，收透風處或近火處，其肉方脆。"

"五香鯉魚：鯉魚切片，用甜醬、黃酒、橘皮、花椒、茴香擦透，脂油燒。"

（八）食鱉

《童山詩集》卷二九《什邡寧湘維（錡）明府招飲，席上奉酬二律》：

迴年多傳食，又過什邡侯。

客豈戴安道，兒真孫仲謀。

索書慚小誤，集句古無儔。

刻燭聽論史，真堪大白浮。

美釀傾牛乳，佳餚剪鱉裙。

東轍曾識面，北海又論文。

我學鷦甘退，君才驥不群。

醉來書潦草，笑倒耿參軍①。

---

① 李調元自注：時耿參軍在座。

"美釀傾牛乳，佳餚剪鱉裙。"《雨村詩話》（十六卷本）卷一〇引詩作"碧碗傾牛乳，銀瓢遷鱉裙"。清孫桐生《國朝全蜀詩鈔》卷一四選李調元《訪什邡寧湘維明府即席賦贈》詩作"碧碗傾牛乳，銀瓢蕩鱉裙"。

鱉，明李時珍著《本草綱目》時珍曰："鱉行蹩躄（bī，腿瘸），故謂之鱉。"又叫水魚、圓魚、甲魚、腳魚、爬魚、團魚、王八、神守。《淮南子》曰"鱉無耳而守神"，故叫"神守"。腳魚名稱，見於吳敬梓《儒林外史》第四十七回："到十八那日，唐三痰清早來了。虞華軒把成老爹請到廳上坐著，看見小廝一個個從大門外進來，一個拎著酒，一個拿著雞、鴨，一個拿著腳魚和蹄子，一個拿著四包果子，一個捧著一大盤肉心燒賣，都往廚房裏去。"鱉裙，也叫鱉邊、裙邊，鱉的背甲四周的肉質軟邊，味鮮美。清李化楠《醒園録》卷上記錄了兩款"頓腳魚法"：

先將腳魚宰死，下涼水泡一會，纔下滾水盪洗，刮去黑皮，開甲，去腹腸肚穢物，砍作四大塊，用肉湯並生精肉、薑、蒜同頓，至魚熟爛，將肉取起，只留腳魚，再下椒末。其蒜當多下，薑次之。臨吃時，均去之。

又法：

大脚鱼一个，配大雌雞一個，各如法宰洗。
用大磁盆，底鋪大蔥一重，並蒜頭、大料、花
椒、薑。將魚、雞安下，上蓋以蔥，用甜酒、清
醬和下淹密，隔湯頓二炷香久，熟爛香美。

（九）滿洲餑餑

《童山詩集》卷一六《謝中丞座師遺送滿洲餑餑》：

餕饗未備事原輕，乳餅頻叨座主情。
造自畢羅原各姓，儉傳僕射早聞名。
桃花樣自廚中出，菰葉珍從內使擎。
要問諸人誰最飽，就中屬屬老門生。

餑餑，即是麵餅。北方稱饅頭、糕點之類為餑餑，又
寫作餺餺。明代李實《蜀語》云：“餅曰饃。饃音摩。凡
米麵食皆謂饃饃，猶北人之謂餺餺也。”

清李化楠《醒園錄》卷下有“做滿洲餑餑法”：

外皮，每白麵一斤，配豬油四兩，滾水四兩，攪勻，用手揉至越多越好。內麵，每白麵一斤，配豬油半斤（如覺乾些，當再加油），揉極熟，總以不硬不軟為度。纔將前後二麵合成一大塊，揉勻，攤開，打卷，切作小塊，攤開包餡（即核桃肉等類），下爐熨熟。月餅同法。或用好香油和麵，更妙。其應用分兩（量）輕重，與豬油同。

（十）豇豆

《童山詩集》卷三六《夏日村行十絕句》之二：

> 暑天處處火雲蒸，喜見雲晴雨又興。
> 自是近來蔬米貴，兼將豇豆種禾塍。

明李時珍《本草綱目》"穀部"第二十四卷"豇豆"條，時珍曰："嫩時充菜，老則收子。此豆可菜、可果、可穀，備用極多，乃豆中之上品。"在醫藥上有"理中益氣，補腎建胃"的功效。

李調元好友清袁枚《隨園食單·雜素菜單》介紹一款豇豆吃法："缸（豇）豆炒肉，臨上時，去肉存豆。以極嫩者，抽去其筋。"

清咸豐十一年（1861）出版的王士雄撰《隨息居飲食譜》"穀食類"之"豇豆"條："甘平。嫩（嫩）時採莢為蔬，可葷可素。老則收子充食。宜餡宜糕，頗肖腎形，或有微補。"

清宣統翰林院侍讀學士、咸安宮總裁、文淵閣校理薛寶辰《素食說略》介紹了兩種豇豆吃法："秦中豇豆有二種：一曰鐵杆豇豆，宜瀹熟，以醬油、醋、芝麻醬拌費，甚脆美；一曰麵豇豆，稍肥大，以香油、醬油悶熟，味甚厚，以其麵氣大也。"

宣統三年（1911）傅崇榘編的《成都通覽》記成都家常便菜一百一十三種，其中有"泡豇豆炒肉"一種大家都熟悉的菜。

（十一）蠶豆

1.《童山詩集》卷二九《西昌（在今四川安縣東）道中二首》：

村莊處處看薔薇，客路春光漸覺稀。
四月農家蠶豆熟，滿籃剝得綠珠歸。

2. 《雨村詩話》十六卷本卷二："蠶豆，蜀人呼胡豆。"

明李時珍《本草綱目》"穀部"第二十四卷"蠶豆"條，時珍曰："豆莢狀如老蠶，故名。王禎《農書》謂其蠶時始熟故名，亦同。此豆種亦自西胡來，雖與豌豆同名、同時種，而形性迥別。《太平御覽》云：張騫使外國，得胡豆種歸。指此也。今蜀人呼此為胡豆，而豌豆不復名胡豆矣。"醫藥上有"快胃，和臟腑"的功效。時珍曰："萬表積善堂方言：一女子誤吞針入腹。諸醫不能治。一人教令煮蠶豆同韭菜食之，針自大便同出。此亦可驗其性之利臟腑也。""酒醉不省，油鹽炒熟，煮湯灌之，效。"

清佚名撰《調鼎集》卷八"飯粥單"收錄一款"蠶豆飯"做法："蠶豆泡去皮，和米同煮。紅豆、綠豆同，不必去皮。"

清袁枚《隨園食單·小菜單·新蠶豆》："新蠶豆之嫩者，以醃芥菜炒之甚妙。隨採隨食方佳。"

清宣統翰林院侍讀學士、咸安宮總裁、文淵閣校理薛寶辰《素食說略》介紹了三種蠶豆做菜吃法：第一種"炒鮮蠶豆"："鮮蠶豆，去莢，更剝去內皮，以香油炒熟，微搭芡起鍋，甚鮮美。"第二種"炒乾蠶豆"："浸軟剝去皮，以香油與冬菜或薺菜同炒，或止蠶豆均佳。"第三種"蠶

《醒園錄》注疏

058

豆麫（音泥）"："煮過湯之鹽豆，壓碎，以白糖加水炒，甚甘美。或不炒，以糖拌勻，亦佳，可冷食。"

（十二）湯圓

1.《童山詩集》卷三一《元宵》：

元宵爭看採蓮船，寶馬香車拾墜鈿。

風雨夜深人盡散，孤燈猶喚賣糖圓。

2.《雨村詩話》（十六卷本）卷八：湯圓以糯米粉包糖，如彈，水煮熟，為點心，一名糖圓，見《皇明通紀》："永樂十年元夕，聽臣民赴午門觀鰲山三日，以糖圓、油餅為節食。"

李調元詩和詩話中描寫的元宵節吃糖心湯圓，乃四川本地的傳統節俗。吳餐中的湯圓多為肉餡，如清佚名《調鼎集》卷九《點心部·粉餅》："蘇州湯圓：用水粉和作湯圓，滑膩異常，中用嫩肉去筋絲搥爛，加葱末、醬油作餡。作水粉法：以糯米浸水中一日夜，帶水磨之，仍去其渣，取細粉入水澄清，撩起用。"

清袁枚《隨園食單·點心單》：

"蘿蔔湯圓：蘿蔔刨絲滾熟，去臭氣，微乾，加葱醬拌之，放粉團中作餡，再用麻油灼之。湯滾亦可。春圃方伯家製蘿蔔餅，叩兒學會，可照此法作韭菜餅、野雞餅試之。

"水粉湯圓：用水粉和作湯圓，滑膩異常，中用松仁、核桃、豬油、糖作餡，或嫩肉去筋絲捶爛，加葱末、秋油作餡亦可。作水粉法，以糯米浸水中一日夜，帶水磨之，用布盛接，布下加灰，以去其渣，取細粉晒乾用。"

（十三）烹鴨

1. 《童山詩集》卷三〇《奉和綿州潘使君訒齋（邦和）重陽前一日六十初度寄兄四十韻》詩中有"翌日乃張筵，小飲但煮鴨"句。

2. 《童山詩集》卷四二《出門行訪唐張友作》：

......

老人負暄兼負酒，醺醺醉向綿城走。

借問綿城欲訪誰？吾之小友唐張友①。

......

———————————

① 唐張友：即唐張祿，名子範，綿竹舉人。

酒闌燭灺語未畢①，更出先烹熟鴨一。

三更別去五更回，歸家已屬第二日。

這兩次飲酒，都是吃鴨，而且都是邊煮邊吃。李調元詩中煮鴨、烹熟鴨怎麼做的？清李化楠《醒園録》卷上有"假燒雞鴨法"和"頃刻熟雞鴨法"適合這種場景採納：

> 假燒雞鴨法：將雞鴨宰完洗淨，砍作四大塊，擦甜醬，下滾油烹過，取起下砂鍋內，用好酒、清醬、花椒、角茴同煮至將熟，傾入鐵鍋內，慢火燒乾至焦，當隨時翻轉，勿使粘鍋。
>
> 頃刻熟雞鴨法：用頂肥雞鴨，不下水，乾退毛，後挖一孔，取出腹內碎件，裝入好梅乾菜，令滿。用豬油下鍋煉滾，下雞鴨烹之，至紅色香熟取起，剝去焦皮，取肉片吃，甚美。

同一歷史時期吳餐中的烹鴨法見清佚名《調鼎集》卷二《鴨類》關於鴨的吃法：

"松菌燴鴨塊。

---

① 灺（xiè）：燒剩餘的臘燭。

"核桃仁煨鴨：用鴨去骨，先入油一炸，再加糯米、火腿丁（亦可加小菜瓤在皮內）煨之，用醬油、酒。

"又，不用油炸，即以火腿、糯米瓤之，另外配魚肚少許更妙。鴨舌煨白果，配口蘑、火腿絲。

"冬瓜煨手撕燒鴨。"

兩相比較，四川的吃法，特點也鮮明。

（十四）筍

1. 《童山詩集》卷二九《題青社酒樓》：

小橋斜枕碧溪流，新柳依依蘸小溝。
班竹筍香供夏饌，來年麥老當秋收。
此間便是登三島，同樂何須羨五侯。
一笑市人誰識我，醉來高臥酒家樓。

2. 《童山詩集》卷三二《燒筍（同雲谷作）》：

西蜀饒林箊，南珍產箭筍。
吾家水竹居，對門篸籦篍。
常愁稚子出，竊被旁人裹。
園丁勸早燒，帶殼計良妥。

不須郢人斤，只借燧氏火。

籜兮風其吹，衰矣時當果。

肉食謝不能，禪參意亦頗。

不交王子猷，只友文與可。

食罷笑謂君，蔬筍氣真我。

　　明李時珍著《本草綱目》"菜部"第二十七卷"竹筍"
條，時珍曰："晉武昌戴凱之、宋僧贊寧皆著《竹譜》，凡
六十餘種。其所產之地，發筍之時，各各不同。詳見木部
竹下。其筍亦有可食、不可食者。大抵北土鮮竹，惟秦、
蜀、吳、楚以南則多有之。竹有雌雄，但看根上第一枝雙
生者，必雌也，乃有筍。土人於竹根行鞭時掘取嫩者，謂
之鞭筍。江南、湖南人冬月掘大竹根下未出土者為冬筍，
《東觀漢記》謂之苞筍。並可鮮食，為珍品。其他則南人
淡乾者為玉版筍、明筍、火筍，鹽曝者為鹽筍，並可為蔬
食也。按贊寧云：凡食筍者譬如治藥，得法則益人，反是
則有損。採之宜避風日，見風則本堅，入水則肉硬，脫殼
煮則失味，生着刃則失柔。煮之宜久，生必損人。苦筍宜
久煮，乾筍宜取汁為羹茹。蒸之最美，煨之亦佳。味蔌者
戟人咽，先以灰湯煮過，再煮乃良。或以薄荷數片同煮，
亦去蔌味。詩云：其蔌伊何，惟筍及蒲。禮云：加豆之

前言：不好吳餐好蜀餐——李調元與川菜

063

實，筍葅魚醢。則筍之為蔬，尚之久矣。"時珍又曰："四川敘州宜賓、長寧所出苦筍，彼人重之。宋黃山谷有《苦筍賦》云：'僰道苦筍，冠冕兩川。甘脆愜當，小苦而成味；溫潤縝密，多啖而不痟。食肴以之啟迪，酒客為之流涎。'其許之也如此。"

清佚名《調鼎集》卷七《蔬菜部·筍類》關於筍的吃法有：

酸筍、清燒筍、麵拖筍、炒春筍、炒冬筍、炒芽筍、炒冬筍丁、燒冬筍、燒三筍、煨三筍、火腿煨三筍、脂油煨冬筍、冬筍煨豆腐、燒筍段、瓢毛筍、瓢羊尾筍、瓢天目筍、瓢芽筍、拌燕筍、醋芽筍，等等。

醋（熗）芽筍的做法："連殼用潮泥裹入鍋堂燒熟，去殼撲碎，加麻油、醬油、姜米、酒醋。"

李調元帶殼"燒筍"當為西蜀特別平民化的吃法。

（十五）臘肉

1. 《童山詩集》卷一七《乞臘肉寄檢討王士會》：

肉食從來鄙，偏於臘不然。

色經三伏後，味想五年前。

搜箧余何敢，分甘古所賢。

休文今瘦甚，莫惜一豚肩。

2. 《雨村詩話》（十六卷本）卷四：

  臘月祭灶前後，川人以鹽醃豬肉，至次年夏乃食，謂之臘肉。銅梁王太史汝嘉士會謂古無詠者，嘗在京邀同館為臘肉會，聯句，余不及赴。有句云：“絕少似鵝酒，偏多嚼蠟人。”異日以示余，余曰“臘肉自宋時已有之，楊誠齋有《吳春卿郎中餉臘豬肉》句云：‘霜刀削下黃水精，月斧斫出紅松明。’是其警句，非古無詠也。”士會考之，大服。

  臘月祭灶前後，川人以鹽醃豬肉，至次年夏乃食，謂之臘肉，嚴格說來，叫老臘肉。一般是冬至開始醃臘肉，供農曆春節食用。《醒園錄》卷上介紹了三種“醃豬肉法”：

  每豬肉十斤，配鹽一斤。肉先作條片，用手掌打四五次，然後將鹽炒熱擦上，用石塊壓緊。

俟次日水出，下硝少許，一天翻一天，醃六七天
撈起，夏天晾風，冬天晒日，均俟微乾收用。

又法：先將豬肉切成條片，用冷水泡浸半天
或一天，撈起。每肉一層，配稀薄食鹽一層，裝
入盆內，上面用重物壓之，蓋密，永勿搬動。要
用，照層次取起，仍留鹽水。

若要薰吃，照前法。用鹽浸過三天撈起，晒
微乾，用甘蔗渣同米（糠）佈放鍋（灶）底，將
肉鋪排籠內，蓋密，安置鍋（灶）上，粗糠慢火
焙之，以蔗（渣）米（糠）煙薰入肉內，內
（肉）油滴下味香，取起掛於風處。要用時，白
水微煮，甚佳。

其中第三種煙薰肉，吳餐中也有這種做法。清佚名撰
《調鼎集》卷三《特性部·豬·醃熟肉》曰：

凡熟雞、豬等肉，欲久留以待客，雞當破作
兩半，豬肉切作條子，中間破開數刀，用鹽及內
外割縫擦作極勻，但不可太鹹，入盆用蒜頭搗
爛、和好，米醋泡之，石壓，日翻一遍，二三日
撈起，略晾乾，將鍋抬起，用竹片搭十字架於灶

內，或鐵絲編成更妙，將肉排上，仍以鍋覆之，
塞密煙灶，內用粗糠或濕甘蔗粕火薰之，灶門用
磚堵塞，不時翻弄，以香為度，取起收新罈內，
口蓋緊，日久不壞，而且香。

（十六）白果

《童山詩話》卷二六《寒露》：

> 自怪年來作事差，流光荏苒尚天涯。
> 樹經寒露都無葉，菊過重陽未有花。
> 稚子圍爐燒白果，鄰翁提筥餉黃瓜。
> 漫言古寺今牢落，客在僧房勝在家。

　　白果是銀杏果的俗稱。銀杏在中國、日本、朝鮮、韓
國、加拿大、新西蘭、澳大利亞、美國、法國、俄羅斯等
國家和地區均有大量分布。銀杏的自然地理分布範圍很
廣。從水平自然分布狀況看，以北緯 30 度附近的銀杏，
其東西分布的距離最長，隨著這一緯度的增加或減少，銀
杏分布的東西距離逐漸縮短，緯度愈高銀杏的分布愈趨向
於東部沿海，緯度愈低銀杏的分布愈趨於西南部的高原
山區。

白果怎麼吃？清佚名《調鼎集》卷一〇"白果"條有烤白果、白果糕、煨白果（白果配栗子、藕根）、醬燒白果肉，都是素吃。同樣的素吃，李調元詩"稚子圍爐燒白果"則具有童趣。

（十七）黃瓜

《童山詩話》卷二六《寒露》：

> 自怪年來作事差，流光荏苒尚天涯。
> 樹經寒露都無葉，菊過重陽未有花。
> 稚子圍爐燒白果，鄰翁提筥餉黃瓜。
> 漫言古寺今牢落，客在僧房勝在家。

黃瓜，別名王瓜，原名胡瓜。後魏賈思勰《齊民要術》卷二《種瓜第十四》記"種越瓜、胡瓜法"曰："四月中種之。胡瓜宜豎柴木，令引蔓緣之。"這相當於農民說的"棧棧黃瓜"。還有一種不搭棧棧的"爬地黃瓜"。明李時珍《本草綱目》"菜部"第二十八卷"胡瓜"條，時珍曰："張騫使西域得種，故名胡瓜。隋大業四年避諱，改胡瓜為黃瓜。"陳藏器曰："北人避石勒諱，改呼黃瓜，至今因之。"黃瓜生熟可食。

清袁枚《隨園食單・小菜單・醬王瓜》："王瓜初生時，擇細者醃之入醬，脆而鮮。"

清薛寶辰撰《素食說略》卷二"胡瓜"："嫩者拍小塊，以醬油、醋、香油沃之。或同麵筋或豆腐拌食，均脆美。以冬菜或春菜煿湯，風味尤佳。"薛寶辰為清道光時人，他說的嫩黃瓜拍小塊涼拌、煮黃瓜湯，也許李調元時代就是那樣吃了。

（十八）荷、藕和蓮實（蓮米）

李調元很喜歡種荷、吃藕和蓮實。《童山詩集》中詠荷藕的詩特別多，例如："北郭遙連千個竹，西湖初放一莖花。""一肩行李原無定，半面荷花倍有情。"（《湘維赴省郎君（立仁）邀游西湖時荷花初開卻寄湘維二首》），"更移紅白新繁藕，要當西湖在屋西。"（《小西湖初成》並序），"破費溪西十畝田，鑿池引溜漸成淵。人言書塾宜栽杏，我愛方塘雅配蓮。惜少凌波妃子襪，難稱貫月米家船。西湖佳藕如容覓，記取紅妝萬朵妍。"（《從什邡寧明府湘維乞西湖紅藕移栽》）"花能解語工勾引，藕為多絲屢斷蓮。"（《再遊嘉定凌雲寺僧涵池請詩為題大佛岩上》）"藕是西湖移得至，稱名合喚小西湖。"（《小西湖新種蓮花盛開簡寧湘維二首》）"誰開玉鏡瀉天光，占斷人間六月

涼。長羨鴛鴦清到底，一生愛用藕花香。”（《小西湖看荷》）

荷，又名荷花、芙蕖，為多年生草本植物。分而言之，其葉名荷，其花曰菡萏，其實曰蓮子，其根曰藕。《詩經》上就有荷，《鄭風·山有扶蘇》：“山有扶蘇，隰有荷華。”《陳風·澤陂》：“彼澤之陂，有蒲與荷。”蓮藕微甜而脆，可生食也可做菜。蓮實是很好的補品，明李時珍《本草綱目》“果部”第三十三卷“蓮藕”條說，蓮子“補中養神，益氣力，除百疾。久服，輕身耐老，不饑延年”。

蓮藕做菜還有講究，清佚名《調鼎集》卷一〇“藕”曰：“白炭刮皮，則藕不銹；切用竹刀，煮忌鐵器；同鹽水食，不損口；同油炸麵米食，無渣；同菱肉食，則軟而香甜；入草灰湯煮，易爛。”有燒藕、燒藕片、煎藕片、素灌藕、葷灌藕、炸灌藕、醬藕等吃法。其中“葷灌藕”的做法：“揀大藕，灌蝦丁、火腿丁煮熟切片。”

袁枚《隨園食單·點心單·熟藕》介紹了“素灌藕”的做法：“藕須貫米加糖自煮，並湯極佳。外賣者多用灰水，味變，不可食也。余性愛食嫩藕，雖軟熟而以齒決，故味在也。如老藕一煮成泥，便無味矣。”

蓮實，一般做蓮子湯或蓮子粥，有“益精氣，廣智力，聰耳目”的功效。《紅樓夢》中的賈寶玉常年服用的

"蓮子紅棗湯"就是其中一種吃法。蓮子以福建建寧特產的"建蓮"為貴。清袁枚《隨園食單·點心單·蓮子》："建蓮雖貴，不如湖蓮之易煮也。大概小熟抽心去皮，後下湯，用文火煨之，悶住合蓋，不可開視，不可停火。如此兩炷香，則蓮子熟時，不生骨矣。"清佚名《調鼎集》卷一〇"蓮子"條云：煨蓮子宜用砂罐，"砂罐口皮紙封固，漫火煨易熟，且整顆不散"。

藕粉的做法，清朱彝尊撰《食憲鴻秘》上卷《粉之屬·藕粉》："老藕切段，浸水。用磨一片，架缸上。將藕就磨磨擦，淋漿入缸。絹袋絞濾，澄去水。晒乾。每藕二十斤，可成一斤。"其吃法，清佚名《調鼎集》"藕粉條"曰："先將冷水調匀，配碎胡桃仁、橘餅丁、洋糖，開水沖攪熟。"

李調元吃藕、蓮子、藕粉，大概也不出以上諸法。

（十九）菱

《童山詩集》卷三二《九日登函海樓》：

底事登高向嶺巔，危樓百尺可攀天。

稻看穫盡黃雲後，菊喜初開白露前。

灶婢能譜作菰飯，家僮間蕩採菱船。

年來佳節無絲竹，長笛聲從何處傳。

　　菱，屬一年生浮水生草本植物。其果實為菱角，別名芰、水菱、風菱、烏菱、菱角、水栗、菱實、芰實。

　　明李時珍《本草綱目》"果部"第三十三卷"芰實"條，時珍曰："其葉支散，故字從支。其角棱峭，故謂之菱，而俗呼為菱角也。昔人多不分別，惟伍安貧《武陵記》，以三角、四角者為芰，兩角者為菱。左傳（《國語》）屈到嗜芰，即此物也。""芰菱有湖濼處則有之。菱落泥中，最易生發。有野菱、家菱，皆三月生蔓延引。葉浮水上，扁而有尖，光面如鏡。葉下之莖有股如蝦股，一莖一葉，兩兩相差，如蝶翅狀。五六月開小白花，背日而生，晝合宵炕，隨月轉移。其實有數種：或三角、四角，或兩角、無角。野菱自生湖中，葉、實俱小，其角硬直刺人，其色嫩青老黑，嫩時剝食甘美，老則蒸煮食之。野人暴乾，剁米為飯為粥，為糕為果，皆可代糧。其莖亦可暴收，和米作飯，以度荒歉，蓋澤農有利之物也。家菱種於陂塘，葉、實俱大，角軟而脆，亦有兩角彎卷如弓形者，其色有青、有紅、有紫，嫩時剝食，皮脆肉美，蓋佳果也。老則殼黑而硬，墜入江中，謂之烏菱。冬月取之，風乾為果，

生、熟皆佳。夏月以糞水澆其葉，則實更肥美。按段成式
《酉陽雜俎》云："蘇州折腰菱，多兩角。荊州郢城菱，三角
無刺，可以授莎。漢武帝昆明池有浮根菱，亦曰青水菱，葉
沒水下，根出水上。或云：玄都有雞翔菱，碧色，狀如雞飛，
仙人鳧伯子常食之。"其功效"安中補五臟，不饑輕身。蒸
暴，和蜜餌之，斷谷長生。解丹食毒。鮮者，解傷寒積熱，
止消渴，解酒毒、射罔毒。搗爛澄粉食，補中延年"。

清佚名《調鼎集》卷一〇"菱角"："水紅菱四五月
有。四角七月有。風菱肉江浙八九月有。"其吃法有：煮
鮮菱、煨鮮菱、拌菱梗、燒菱肉、豬肉斬菱圓、乾菱片拌
洋糖熟芝麻末、炒風菱絲、煮風菱、醬菱、菱粉糕等。

清袁枚《隨園食單》特別介紹了一種"煨鮮菱"的方
法："煨鮮菱，以雞湯滾之。上時將湯撤去一半。池中現
起者纔鮮，浮水面者纔嫩。加新栗、白果煨爛，尤佳。或
用糖亦可。作點心亦可。"

（二十）芡實

《童山詩集》卷三二《人日蓮洲送芡實》：

> 聞有鮫人似海魚，潛居苦織勝羅敷。
> 忽從機上垂雙淚，傾出盤中萬顆珠。

火任烹熬丸倍小，水纔略灑彈偏矗。

我家正在湖邊住，試問蓮洲有種無。

茨實，中藥名。又名：雞頭、雁喙、雁頭、鴻頭、雞
雍、卯菱、蒍子、水流黃。為睡蓮科植物茨的乾燥成熟種
仁。明李時珍《本草綱目》"果部"第三十三卷"茨實"
條，時珍曰："茨可濟儉歉，故謂之茨。雞雍見莊子徐無
鬼篇。卯菱見管子五行篇。揚雄方言云：南楚謂之雞頭，
幽燕謂之雁頭，徐、青、淮、泗謂之茨子。其莖謂之蒍，
亦曰葰。""茨莖三月生葉貼水，大於荷葉，皺文如縠，蹙
衄如沸，面青背紫，莖、葉皆有刺。其莖長至丈餘，中亦
有孔有絲，嫩者剝皮可食。五六月生紫花，花開向日結
苞，外有青刺，如猬刺及栗球之形。花在苞頂，亦如雞喙
及猬喙。剝開內有斑駁軟肉裹子，累累如珠璣。殼內白
米，狀如魚目。深秋老時，澤農廣收，爛取茨子，藏至困
石，以備歉荒。其根狀如三棱，煮食如芋。主治：濕痹，
腰脊膝痛，補中，除暴疾，益精氣，強志，令耳目聰明。
久服，輕身不饑，耐老神仙。開胃助氣。止渴益腎，治小
便不禁，遺精白濁帶下。"

清佚名《調鼎集》卷一〇"雞豆"："性補，吳人呼為
'雞頭'。有粳、糯二種，糯者殼薄味佳，粳者反之。生名

雞豆，熟名芡實。用防風水浸，經月不壞。生者一斗，用防風四兩，換水浸之，可以度年。"其吃法，有雞豆糕、炸雞豆、炒雞豆、雞豆粉、雞豆散數種。

雞豆散的做法："雞豆去殼，金銀花、乾藕（切片）各一斤，蒸熟爆乾。捣細為末，食後滾湯服二錢，健脾胃，去留滯。採雞豆根莖焯熟聽用。將雞豆蒸過，烈日晒之，其殼即開，舂搗去皮，搗為粉，或蒸或炸，作餅。"

（二十一）菰、菰飯

《童山詩集》卷三二《九日登函海樓》：

> 底事登高向嶺巔，危樓百尺可攀天。
> 稻看獲盡黃雲後，菊喜初開白露前。
> 灶婢能諳作菰飯，家僮閑蕩採菱船。
> 年來佳節無絲竹，長笛聲從何處傳。

《說文》曰"菰"本作"苽"，明李時珍著《本草綱目》釋名叫茭草、蔣草。菰，禾本科，菰屬多年生淺水草本，具匍匐根狀莖。稈高大直立，高一至二米。葉舌膜質，長約一點五厘米，頂端尖；葉片扁平寬大，長五十至九十厘米，寬十五至三十毫米。圓錐花序長三十至五十厘米，分枝多數簇生，上升，果期開展。穎果圓柱形，長約十二毫米，胚小形，為果體之八分之一。

　　原產中國及東南亞，是一種較為常見的水生蔬菜。在亞洲溫帶、日本、俄羅斯及歐洲有分布。全草為優良的飼料，為魚類的越冬場所。也是固堤造陸的先鋒植物。

　　菰的經濟價值大，稈基嫩莖為真菌寄生後，粗大肥嫩，類似竹筍，稱菰筍（高筍、茭白、茭瓜），是美味的蔬菜。穎果稱菰米，做飯食用，有營養保健作用。

　　菰米又名茭米、雕蓬、雕苽、雕胡。明李時珍《本草綱目》"穀部"第二十三卷"菰米"條，時珍曰："雕胡九月抽莖，開花如葦芳。結實長寸許，霜後採之，大如茅針，皮黑褐色。其米甚白而滑膩，作飯香脆。杜甫詩'波漂菰米沉雲黑'者，即此。周禮供御乃六穀、九穀之數，《管子》書謂之雁膳，故收米入此。"菰飯，就是菰米飯。

　　宋林洪撰《山家清供·雕胡飯》："雕菰葉似蘆，其米黑。杜甫故有'波翻菰米沉雲黑'之句，今胡穄是也。曝乾礱洗，造飯既香而滑。杜詩又云：'滑憶雕菰飯。'又會稽人顧翱，事母孝，看母嗜雕菰飯，翱常自採擷。家住太湖，後湖中皆生雕菰，無復餘草，此孝感也。世有厚於己薄於奉親者，視此寧無愧乎？嗚呼！孟筍王魚，豈有偶然哉。"

明高濂《飲饌服食箋》中《野蔌類・雕菰米》："雕菰，即今胡穄也。曝乾，礱洗造飯，香不可言。"

菰的烹調法有清李化楠《醒園録》卷下"煮香菰法"：

> 將菰用水洗濕至透，搌微乾。熱鍋下豬油，加薑絲，炙至薑赤，將菰放下，連炒數下，將原泡之水從鍋邊高處周圍循循傾下，立下立滾，隨即取起，候配烹調各菜，甚脆香。凡所和之物，當候煮熟，隨下隨取，切不可久煮，以失菰性。

清佚名《調鼎集》卷七《蔬菜部・茭白》列舉的吃法，有拌茭白、茭白燒肉、炒茭白、茭白鮓、茭白脯、糖茭白、醬茭白、糖醋茭白、醬油浸茭白多種吃法。其中"炒茭白"的烹調法："切小片，配茶乾片炒。又，切塊加麻油、醬油、酒炒。又，茭白炒肉、炒雞俱可，切整段，醬、醋炙之尤佳。初出太細者無味。"其"茭白炒肉"還是今天川菜中的家常菜，名曰"高筍炒肉"。

（二十二）蒸豚、豚蹄、東坡肉

1.《童山詩集》卷三一《入山》：

入山恐不深，更入茶山坪。

父老知我至，招呼相逢迎。

彼此邀還家，以我為人情。

瓦煤與葦管，塗抹徒縱橫。

草書不入格，亦復龍蛇驚。

何以為潤筆，村醪濁復清。

烹雞冠爪具，蒸豚椒薑並。

醉中復何言？無非讀與耕。

我為父老歌，作息荷昇平。

父老亦不解，歌罷雙目瞪。

2. 《童山詩集》卷三四《河村戲場並序》：

村間以戲酬神，謂之戲場，見陸放翁詩，所謂"雨足豐年有戲場"也。時方五月，河村演青苗戲，余往觀之，遇雨，宿曹大姑家，適社首送腰臺至，遂大醉書於壁間。腰臺者，社首於優人午臺住演時，以酒肉相勞之名也。

本因祈雨酬神戲，翻為雨多酬不成。

贏得豚蹄兄妹共，腰臺多謝社翁情。

3. 《童山詩集》卷四二《偕潘海峰（時彤）再遊小天
竺二絕並示東菴》：

　　　　草長城南鶯又啼，出門數步雨淒淒。
　　　　賣花人去無花賣，辜負潘郎兩腳泥。

　　　　乃翁腳疾未全愈，聞我來看喜欲顛。
　　　　但恐東坡肉生吃，呼兒午膳且遲還。

4. 《童山詩集》卷三〇《除夕》：

　　　　少喜流年增，老懼流年去。
　　　　流年仍率常，喜懼各分慮。
　　　　偶見塵埃掃，又驚日月除。
　　　　屠蘇名雖佳，分明老堪惡。
　　　　桃符何必換，轉眼門閭故。
　　　　今年稍光輝，刺史蒸豚膊①。
　　　　安州曹汛司，亦有香麕賂。

---

① 《周禮·天官·醢人》"豚拍"注："鄭大夫、杜子春皆以拍為膊，謂脅
也。""或曰豚拍，肩也。"豚肩，即豬腿。

前言：不好吳餐好蜀餐——李調元與川菜

藉此潤筆資，供我口頭餢①。

自斟複自止，病齒每撐箸。

坐令山妻憎，負此賢內助。

　　清袁枚《隨園食單·特牲單·豬蹄四法》："豬蹄一隻，不用爪，白水煮爛，去湯，好酒一斤，清醬酒盃半，陳皮一錢，紅棗四五個，煨爛。起鍋時，用葱、椒、酒潑入，去陳皮、紅棗，此一法也。又一法：先用蝦米煎湯代水，加酒、秋油煨之。又一法：用蹄膀一隻，先煮熟，用素油灼皺其皮，再加作料紅煨。有土人好先掇食其皮，號稱'揭單被'。又一法：用蹄膀一個，兩缽合之，加酒、加秋油，隔水蒸之，以二枝香為度，號'神仙肉'。錢觀察家製最精。"清佚名《調鼎集》卷三《特牲部·豬蹄》文字大同小異，看來是《調鼎集》作者抄袁枚，袁枚又是從錢觀察家學來的。

　　"蒸豚椒薑並"，蒸豚即蒸豬肉。袁枚《隨園食單·特牲單》介紹了兩樣蒸肉的做法，一是乾鍋蒸肉，二是粉蒸肉。

　　"乾鍋蒸肉：用小磁缽，將肉切方塊，加甜酒、秋油，

————————————————

① 餢（yù）：古同"飫"，飽。

裝大缽內封口，放鍋內，下用文火乾蒸之。一兩枝香為度，不用水。秋油與酒之多寡，相肉而行，以蓋滿肉面為度。"

秋油，深秋第一次出來的豉油，也是最上等的豉油。從小暑到立秋的三十一天，俗稱伏夏，是一年中氣溫最高、陽氣最旺之時，最適合發酵晾晒豉油，所以秋天的第一造豉油為最佳。

"粉蒸肉：用精肥參半之肉，炒米粉黃色，拌麵醬蒸之，下用白菜作墊，熟時不但肉美，菜亦美。以不見水，故味獨全。江西人菜也。"

清佚名《調鼎集》卷三《特牲部》：

"乾鍋蒸肉：用小磁缽，將肉切方塊，加甜醬、醬油裝入缽內，封口放鍋內，下用文火乾蒸之，以兩枝香為度，不用水也。醬油與酒之多寡，相肉而行，以蓋肉面為度方好。"

"清蒸肉：肉切薄片蒸熟，蘸椒鹽。"

"扣肉：肉切大方塊，加甜醬，煮八分熟取起，麻油炸，切大片，入花椒、整葱、黃酒、醬油，用小磁缽裝定，上籠蒸爛，用時複入碗，皮面上。"

"但恐東坡肉生吃，呼兒午膳且遲還。"東坡肉的烹調法，筆者有專門文章考證，此處只說李調元所處的乾嘉時代的做法。

清佚名《調鼎集·特牲部》介紹了一款"棋盤肉"的做法："切大方塊，皮上劃路如棋盤式，微擦洋糖、甜醬、加鹽水、醬油燒。臨起，加熱芝麻糝麵。"

同書下面介紹"東坡肉"做法，則說："同前法，唯皮上不劃路耳。"其做法同於"棋盤肉"做法。

《調鼎集》卷六"豬肉"另介紹了一種"東坡肉"的烹調法："肉取方正一塊刮淨，切長厚約二寸許，下鍋小滾後去沫，每一斤下木瓜酒四兩（福珍亦可），炒糖色入，半爛，加醬油，火候既到，下冰糖數塊，將湯收乾，用山藥蒸爛去皮襯底，肉每斤入大茴三顆。"據王仁興先生注釋：木瓜酒，又名"醅酒"，為江蘇高郵所產之名酒。福珍，又作"福貞"，清代蘇州名酒。

《調鼎集》卷八《茶酒單》滿漢全席中漢席配菜中有："東坡肉（大塊）。"所謂"大塊"，也是就肉的形狀而言，不切爛，取其大塊，故謂之"東坡肉"。此處未介紹烹調法，筆者估計同卷六"東坡肉"做法差不多。

（二十三）牛脯、鹿脯、香麞

1.《童山詩集》卷三四《正月初二日題曹大姑壁》有"高親家中啖牛脯，曹姑宅內吃豬腰"句。

2.《童山詩集》卷二九載：辛亥（1791）年六月五

日，新繁蒔芥湯明府六十初度，是日讌集東湖篔翠亭。李調元在席上聯詩，有"流觴曲水湄，嘉殽烹鹿脯"句。

3.《童山詩集》卷三〇《除夕》有"安州曹汛司，亦有香麕賂"句。

"高親家中啖牛脯"，牛脯即牛肉乾。清李化楠《醒園録》卷上有"食牛肉乾法　鹿肉乾同"：

> 生肉切成大片，約厚一寸，將鹽攤放平處，取牛肉塊順手平平丟下，隨手取起，翻過再丟，兩面均已粘鹽。丟下時，不可用手按壓。拿起輕輕抖去浮鹽，亦不可用手抹擦。逐層安放盆内，用石壓之。隔宿，將滷洗肉，取出鋪排稻草上晒之，不時翻轉，至晚收，放平板上，用木棍趕滾，使肉堅實光亮。隨逐層堆板上，用重石壓蓋，次早取起，再晒至晚，再滾再壓，内外用石壓之，隔宿或一兩天取起，掛在風處，一月可吃。

清李化楠《醒園録》卷上"食鹿尾法"：

> 此物當乘新鮮，不可久放。致油乾肉硬，則味不全矣。法先用涼水洗淨，新布裹密，用線紮

緊，下滾湯煮一袋煙時，取起，退毛令淨，放磁
片內，和醬及清醬、醋、酒、薑、蒜，蒸至熟
爛，切片吃之。

又云：

　　先用豆腐皮或鹽酸菜包裹，外用小繩子或錢
串繫得極緊，下水煮一二滾，取起，去毛淨，安
放磁盤內，蒸熟片吃。

清李化楠《醒園錄》卷上"煮鹿筋法"：

　　筋買來，盡行用水泡軟，下鍋煮之，至半熟
後撈起，用刀刮去皮，骨取淨，晒乾收貯。臨用
取出，水泡軟，清水下鍋煮至熟（但不可爛耳）
取起。每條用刀切作三節或四節，用新鮮肉帶皮
切作兩指大片子，同水先下鍋內，慢火煮至半
熟，下鹿筋再煮一二滾，和酒、醋、鹽、花椒、
八角之類，至筋極爛，肉極熟，加蔥白節，裝下
碗。其醋不可太多，令吃者不見醋味為主。

元忽思慧撰《飲膳正要》卷三"麕"條云："麕肉，溫，主：補益五藏。日華子云：肉無毒。八月至臘月食之，勝羊肉；十二月以後至七月，食之動氣。道家多食，言無禁忌也。"

（二十四）栗子

《童山詩集》卷二八《醒園雜詩八首同墨莊作·栗亭》：

> 皺落聽兒拾，爐煨任客嘗。
> 安亭最幽處，四面栗花香。

栗，殼斗科栗屬植物，果實為堅果，叫栗子、板栗。在古書中最早見於《詩經》一書，如《國風·鄭·東門之墠》："東門之栗，有踐家室。"《小雅·谷風之什·四月》："山有嘉卉，侯栗侯梅。"可知栗的栽培史在中國至少有二千五百餘年的歷史。

南宋陸游《老學菴筆記》卷二："故都李和爁①栗，名聞四方。他人百計效之，終不可及。紹興中，陳福公及

---

① 爁（chǎo）：古同"炒"。

錢上閣愷出使虜庭，至燕山，忽有兩人持熻栗各十裏來獻，三節人亦人得一裏，自贊曰：‘李和兒也。’揮涕而去。”

元無名氏撰《居家必用事類全集・果實類・旋炒栗子法》：“不拘多少。入油紙撚一個，沙銚中炒，或熨斗中炒亦可。候熟，極酥甜。香美異常法。”

清朱彝尊撰《食憲鴻秘》上卷《粉之屬・栗子粉》：“山栗切片，晒乾，磨粉。可糕可粥。”

清朱彝尊撰《食憲鴻秘》上卷《餌之屬・栗糕》：“栗子風乾剝淨，搗碎磨粉，加糯米粉三之一，糖和，蒸熟，妙。”

清袁枚《隨園食單・羽族單・栗子炒雞》：“雞斬塊，用菜油二兩炮，加酒一飯碗，秋油一小盃，水一飯碗，煨七分熟；先將栗子煮熟，同筍下之，再煨三分起鍋，下糖一撮。”

清佚名《調鼎集》卷九《乾鮮果部・栗》：“糖炒栗：取中樣栗，水漂淨，浮者揀去，晾乾，擇粗砂糖煮過，先將砂炒熱，入栗拌炒，每栗一斤，用砂一斗。”

以上這些關於栗子的吃法，特別是糖炒板栗和栗子炒雞或栗子燒雞一直傳承至今，相信李調元時代也是如此吃法。

李調元詩"皺落聽兒拾，爐煨任客嘗"中"爐煨"栗子，一為爐火燒栗子，兒童樹下拾來的栗子多採此種吃法；一為爐火煮栗子，可能採用《調鼎集》卷九《乾鮮果部·栗》介紹的兩種簡單的煨煮吃法："新栗：新出之栗爛煮之，有松仁香。人不肯煨爛，有終身不知其味香。""煨栗：去淨衣，配藕塊，洋糖同煨。"

（二十五）辣椒

李調元所處的清乾嘉時代，四川已有辣椒，只不過叫法不同而已。

《童山詩集》卷二八《雎水關》：

> 徼外諸羌路，當年設險關。
> 一江流湔水，萬笏拱岷山。
> 官炭黃錢販，番椒白草蠻。
> 車書今一流，荒堡戍樓間。

林孔翼、沙銘璞輯《四川竹枝詞》從《南溪文徵》卷四輯出清乾隆時南溪令翁霍霖著《南廣雜詠》二十四首之第十三首曰："紫茄白菜碧瓜條，一把連都入市挑。瞥見珊瑚紅一掛，擔頭新帶辣花椒。"翁霍霖自注曰："川省凡一起之類，皆曰'一把連'。菜擔則並帶紅椒出賣。"此竹枝詞中描寫像紅珊瑚一樣的"辣花椒""紅椒"就是海椒（辣椒），如當初番茄剛傳到四川，農民叫"洋海椒"一樣，以本地產的花椒比喻外來的海椒。這就是說清乾嘉時宜賓南溪縣已出產辣椒，既然菜擔上挑著賣，當然是食用。

睢水關在安縣西四十里，西南至綿竹四十五里，面山負水，平衍饒沃。《明史》卷三一一《四川土司》一載："成化二年，鎮守太監閻禮奏：'白草番者，唐吐蕃贊普遺種，上下凡十八寨。部曲素強，恃其險阻，往往剽奪為患。'四年，禮複奏：'白草諸番擁眾寇安縣、石泉諸處，因各軍俱調徵山都掌蠻，致指揮王璟備禦不謹。'命副總兵盧能剿之。"又"茂州地方數千里，自唐武德改郡會州，領羈縻州九，前後皆蠻族，向無城郭。宋熙寧中，范百常知茂州，民請築城而蠻人來爭。百常與之拒，且戰且築，城乃得立。自宋迄元，皆為羌人所據，不置州縣者幾二百年。洪武十一年平蜀，置疊溪右千戶所，隸茂州衛。而置威茂道，開府茂州，分遊擊以駐疊溪，規防始立。然東路生羌，白草最強，又與松潘黃毛韃相通，出沒為寇，相沿不絕云。其通西域要路，為桃坪，即古桃關也，有繩橋渡江，守桃坪者，為隴木司。"白草蠻，既稱"唐吐蕃贊普遺種"，又稱"東路生羌"，其地在今北川、平武、松潘、

茂縣一帶，這些地方出番椒。番椒即海椒（辣椒）。番椒，
明嘉靖、萬曆年間從海外傳至中國，最初作為觀賞的花卉
栽種，始見明高濂著《燕閑清賞箋》下："番椒"條："叢
生白花，子儼禿筆頭，味辣色紅，甚可觀。子種。"

　　清陳淏子輯《花鏡》卷六《花草類考·番椒》："番椒
一名海瘋藤，俗名辣茄。本高一二尺，叢生白花，深秋結
子，儼如禿筆頭倒垂，初綠後朱紅，懸掛可觀。其味最
辣，人多採用。研極細，冬月取以代胡椒。收子待來春再
種。"《花鏡》出版於清康熙戊辰花朝（即 1688 年），亦即
是說至遲，1688 年江浙一帶的人已開始食用番椒（辣椒）
這種外來植物的果實。

　　清乾嘉時人章穆纂《調疾飲食辯》卷三《菜類·辣枚
子》："近數十年，群嗜一物，名辣枚，又名辣椒，亦蔛菜
之類也。葉如蒼蔔而薄，枝幹高尺餘，四五月開小白花。
結子前後相續，初青後赤。味辛辣如火，食之令人唇舌作
腫，而嗜者眾。或鹽醃，或生食，或拌鹽豉炸食，不少間
斷。至秋時最後生者，色青不赤，日乾碾粉，猶作醬食。
其形狀不一，有本大末小者，有本小末大者，有大如拇
指，長一二寸者，有小如筋頭，短僅一二分者，有四棱如
柿實形者，有圓如紅琅玕、火齊珠者，植盆中為玩可也。
今食者十之七八，而痔瘡、便血、吐血，及小兒痘殤亦多

十之七八（父母嗜食辛辣，其精血必熱，故遺害於兒女）。"

李調元生活的清乾嘉時代，四川南、北都已栽種辣椒、食用辣椒，只不過在士大夫階層講究養生，吃得清淡，不喜食辣椒。從我們上列李調元嗜食的菜品中，亦可看出李調元的飲食嗜好，所以在《醒園錄》中見不到辣椒的影子，便不覺為奇了。

（二十六）醉蟹

《童山詩集》卷八有《芷塘以醉蟹見餉率賦三十韻》，卷一八有《偕雲谷桂山食蟹分韻得乞字》。

元倪瓚撰《雲林堂飲食制度集·煮蟹法》："煮蟹法：用生薑、紫蘇、橘皮、鹽同煮，纔火沸透，便翻弄一，大沸透便啖。凡煮蟹，旋煮旋啖則佳。以一人為率，祇可煮兩隻，啖已再煮。搗橙虀、醋供。"

清佚名《調鼎集》卷五《江鮮部·蟹》：

"蟹（七月瘦。深秋膏滿，見露即死）蟹以興化①、高寶②、邵湖③產者為上；淮蟹腳多毛，味腥。藏活蟹用

---

① 興化：縣名。在江蘇省中部。境內地勢低漥，河湖縱橫，號稱"水鄉"，以"中堡醉蟹"尤為著名。
② 高寶：指江蘇省高郵縣和寶應縣，兩縣分別臨高郵湖和白馬湖，其盛產螃蟹。
③ 邵湖：指江蘇邗江縣北部，里運河以西的邵伯湖。其盛產螃蟹。

大缸一隻，底鋪田泥納蟹，上搭竹架，懸以糯穀稻草，穀頭垂下，令其仰食。上覆以蓋，不透風，不見露，雖久不瘦。如法裝罈，可以攜遠。食蟹手腥，用蟹須或酒洗即解。菊花葉次之，沙糖、豆腐又次之。蟹能消食，治胃氣，理經絡，未經霜者有毒，與柿同食患藿亂，服大黃、紫蘇、冬瓜汁可解。但蟹性寒，胃弱者不宜多食，故食蟹必多佐以薑醋。"

"醉蟹：取團臍蟹十斤，先以水泡一時取起，入大籮內蓋好過夜，令其白沫吐盡，入罈再待半日，用水十斤，鹽五斤，攪勻灌入罈，加花椒一兩，兩三日傾出鹽滷，澄清去腳，滾過後冷的灌入罈，封好，七日可用。又，醋一斤，酒二斤，另用磁器醉之，一周時可用。又，甜酒與清醬配合，酒七分，清醬三分，先入罈，次取活蟹，將臍揭起，用竹箸於臍蠹一孔，填鹽少許，入罈封固，三五日可用。又，蟹臍內入椒鹽一撮，每團臍百隻，用白酒娘二斤，燒酒二斤，黃酒三斤，醬油一斤，封口十日可用。又，尋常醉蟹，用鹽少許入臍，仰納罈內，白酒娘澆下與蟹平，少加鹽粒，每日將罈側靠轉動一次，半月後熟，用酒不用醬油。又，止加醬油，臨用一二日，量入燒酒。又，入炒鹽椒、黃酒，臨用另加燒酒，可以久遠。又云，臨用加燒酒，其滷可浸醃淮蝦。"

清李化楠《醒園録》卷上"醉螃蟹法"：

> 用好甜酒與清醬對配，合酒七分，清醬三
> 分，先入罈內，次取活蟹（已死者不可用），用
> 小刀於背甲當中處扎一下，隨用鹽少許填入。乘
> 其未死，即投入罈中。蟹下完後，將罈口封固，
> 三五日可吃矣。

顯然，《醒園録》卷上"醉螃蟹法"摘自清佚名《調
鼎集》卷五"醉蟹"條，是吳餐吃法。

（二十七）火鍋

《童山詩集》卷三二《初四日攜眷至曹大姑①家賀新》：

> 又酌大姑酒，紅爐盡室圍。
> 雪消松葉健，春早杏花飛。
> ……

---

① 曹大姑：李調元之妹。《雨村詩話》（十六卷本）卷七："余妹曹大姑，
小字小蘭，適諸生曹錫寶，年二十餘而寡。"

詩中"又酌大姑酒，紅爐盡室圍"，可能是吃火鍋。李調元晚年喜歡吃火鍋。李調元《雨村詩話》（十六卷本）卷六："暖鍋，俗名火鍋，所以盛饌最便，寒天家居必用。余年過六十，苦鬲冷，每食必須。"四川人最早吃火鍋的記載見於此。

（二十八）酒、茶

1. 《童山詩集》卷三一《二月初一日安縣張薌圃（仲芳）綿竹裕容齋（德）兩明府聯車過訪云州尊翌日即至》自注："裕明府自帶綿竹大麯酒。"

2. 《童山詩集》卷二《田家四時雜興》之四：

> 嚴冬百草枯，鄰里及閒暇。
>
> 田家重農隙，翁媼相邀迓。
>
> 列坐酒三巡，或起四五謝。
>
> 盤薦園中蔬，壺傾家甕醡①。
>
> 酣呼遞相酬，笑語雜悲咤。
>
> 客散送柴門，月色耿涼夜。

---

① 醡（zhà）：榨酒。

3. 《童山詩集》卷三六《明經鞏五其建昌餽豐谷燒酒，臨去屢索酒籠，詩以戲之》：

> 吾雖不嗜酒，頗喜談酒具。
>
> 生長本蜀人，酒悉知其故。
>
> 白雖名惠泉，比較無錫誤。
>
> 黃者名紹興，不產會稽處。
>
> 惟郫縣稱良，哂則以筒呴。
>
> 微嫌淡於水，不能令人酗①。
>
> 中江有小麴，巨釜滴小注。
>
> 祇可名督郵，過多疾成痼。
>
> 就中數綿竹，大麴清如露。
>
> 秦人之所釀，西門名尤著。
>
> 實足稱醇醪，但少生辣趣。
>
> 獨有豐谷燒，味如薑桂互。
>
> 一樽未及開，衝人數十步。
>
> 以視前諸酒，直可奴僕嘑。
>
> 二酒俱籠盛，編者以類聚。
>
> 周身桐膏塗，蓋口豬脖護。

---

① 酗（xù）：同"酗"。

大小分重輕，酒家自封固。

有酒即有籠，不另稱斤數。

瓶罄罍雖恥，此籠終不去。

以之裝百物，避風永不蠹。

罿子信可人，未免微帶醋。

為求秦館扁，代徒聊當賂。

不知中飽無，輿亦其徒雇。

臨行屢問籠，兼索覆瓿布。

《雨村詩話》（十六卷本）卷四：

唐時蜀中燒酒以成都為佳矣。然今則以綿竹
為上，綿州豐谷井次之。綿竹味甘美，有香氣，
豐谷稍辛辣觸鼻，成都則不聞有此矣。

4.《童山詩集》卷三一《醒園桃李甚開簡潘訒齋牧伯偕
蔣參軍同賞》有"鄉風共試郫筒酒，往日空遊下澤轓"句。

5.《童山詩集》卷四《贈王用予安宇明經》有"君歸
滿貯桑落酒，待我來嘲邊孝先"句。

6.《雨村詩話補遺》卷一有"蜀酒名哑酒，俗呼糟罐
子"句。

7. 《童山詩集》卷三六《題何體齋晉茹山莊》：

晚晴漸覺步趨輕，便令肩輿亦侍行。

松嶺未踰吾已倦，柏林欲訪主先迎。

豆棚瓜架山家樂，茅屋蓬門國士聲。

兩碗濃茶消酷暑，歸來一路草風清。

8. 《童山詩集》卷三五《升仙橋小憩即駟馬橋》：

秋陽如甑暫停車，駟馬橋頭喚煮茶。

怪道行人盡攜藕，橋南無數白蓮花。

　　《童山詩集》中出現的酒有：綿竹大麴、啞酒（榨酒，即家釀的米酒）、豐谷燒酒、郫筒酒（李調元在《雨村詩話》中說"郫筒酒至今不傳，此或其遺法"）、桑落酒，還有前篇提到的紹酒。桑落酒、紹酒都是外省酒，綿竹大麴、豐谷燒酒至今猶是享有盛譽的川酒。

　　四川產茶的歷史最早可追溯至秦漢時代。安縣是唐代陸羽《茶經·七之事》中所引述的晉代劉琨要其侄劉演為其買茶的地方，可見安縣在很早以前已是一個有名的茶產地。民國刊《綿陽縣誌》說："其稱綿州者，乃綿州舊屬之龍安及西昌、昌明、神泉諸縣，皆產茶之地。"龍安，其轄境相當今四川安縣。清同治刊《安縣誌》說："安縣西北境內沿山一帶素產春茶。"《童山詩集》卷二九《安州道中四首》之一："神泉不敵井泉香，雀舌還輸獸目張。三月安州逢穀雨，春山到處碾茶忙。"安州，即安縣宋、元時舊稱。《童山詩集》三一《茶坪》"千崖歷盡見平坡，土俗山田不插禾。春雨足時茶戶喜，夏雲深處酒家多"即是描寫安縣茶坪茶鄉的詩句。

"兩碗濃茶消酷暑"，"兩碗濃茶"可能就是四川鄉間夏天喝的"老鷹茶"，茶葉為紅白茶。"駟馬橋頭喚臽茶"，"臽茶"即"泡茶"，這是顧客進入四川茶鋪，堂倌（茶博士）隨即發出的鳴堂叫賣聲。可見李調元鄉居喝的茶都是四川茶。

綜上，通過對《童山詩集》中出現的二十八類食品和飲料（酒、茶）的歷史考查，特別對其烹飪方法的判斷和推測，可見李調元日常食用的菜肴食品主要還是屬於南方口味的吳餐或適合川人口味的改良吳餐，少部分屬於北方口味（如滿洲餑餑），李調元平時的飲食最具四川特色的還是酒和茶兩種飲料。進一步驗證，李調元所處的清朝乾嘉時期獨具特色的川菜菜系尚未形成，他為川菜菜系的創立做出了他那個時代可能做出的貢獻，即因地制宜融合吳餐和南北食品菜肴的長處，推進適合川人在巴山蜀水這個自然環境食用的蜀餐形成。創新正在路上，碩果尚未完成。

三、李化楠、李調元父子与與《醒園録》

李調元的父親李化楠（1713－1769）字廷節，號石亭，生前撰寫了一部食譜《醒園録》。其事首見於李調元《童山文集》卷一八《行述·誥封奉政大夫同知順天府北路事石亭府君行述》：石亭先生"所著有《醒園録》，人皆傳抄"。次見於李調元撰《羅江縣誌》卷九《人物》所錄吳省欽撰《李化楠傳》言："著有《萬善堂稿》《石亭集》《醒園録》。"李化楠《醒園録》成書於何時？有三條旁證材料。清趙學敏著《本草綱目拾遺》成書於清乾隆乙酉（乾隆三十年，1765），而該書卷九"製火腿法"條引用了李化楠《醒園録》的"醃火腿法"，同書卷七"南棗"條又引用了《醒園録》"製南棗法"和"仙果不饑方"，這三條文字與乾隆萬卷書樓藏板《醒園録》、道光函海版（亦即《叢書集成初編》本《醒園録》）、光緒函海版《醒園録》文字若合符契，說明李化楠《醒園録》手稿最遲在乾隆三十年已流傳於世。

李化楠撰《醒園錄》書稿的資料來自何處？李調元《醒園錄·序》云：“先大夫自諸生時，疏食菜羹，不求安飽。然事先大父母，必備極甘旨。至於宦遊所到，多吳羹酸苦之鄉。廚人進而甘焉者，隨訪而志諸冊，不假抄胥，手自繕寫，蓋歷數十年如一日矣。”

李化楠乾隆六年（1741）中舉，乾隆七年連捷進士，歷官浙江余姚、秀水知縣，嗣權平湖，遷滄州、涿州知州，宣化府、天津北路、順天府北路同知，至乾隆三十三年逝世，前後仕宦二十七年。他“宦遊所到”之處在浙江余姚、秀水平湖的時間最長，達十一年之久，這些地方就是所謂“吳羹酸苦之鄉”。吳羹酸苦，典出《楚辭·招魂》“和酸若苦，陳吳羹些”句，指春秋戰國的吳越之地的食俗。

由此可知《醒園錄》的資料來源有三：其一是李化楠自諸生以來，在西蜀家鄉疏食菜羹，和備極甘旨事奉父母飲食經驗的積累；其二宦遊吳越之地隨訪廚人“而志諸冊”的飲食訪談錄；其三就是“不假抄胥，手自繕寫”從廚人手中或是他處得到的食譜食單。總之，《醒園錄》的資料來源於飲食文化的實踐者——廚人，無論是廚人本人直接口述，還是廚人提供的文字記錄（食譜、食單），最重要的是“廚人進而甘焉者”，經過李化楠本人口嘗，辨革滋味，認為味美可口，有所選擇、取捨纔記錄下來。這個流程基本符合今日人類學的田野調查法，是科學的，可信的。

《醒園録》全書記載烹調三十九種、釀造二十四種、糕點二十四種、食品加工二十五種、飲料四種、食品保藏五種，共一百二十一種。其中釀造、糕點、食品加供七十三種，最有特色又是豆製品的釀造和加工，這同中國自古以農立國傳統生活方式有關。以漢民族為主的中華民族傳統的生活方式是男耕女織，吃的是五穀雜糧，以蔬菜佐食，穿的是麻棉布帛，"製彼裳衣"（《詩·豳風·東山》），從而養成了精打細算，勤儉過日子的優良傳統習俗，形成了儲備積財，防患於未然的價值觀。李調元《童山文集》卷一八《行述·誥封奉政大夫同知順天府北路事石亭府君行述》記其父李化楠"終身未嘗穿一華服，身供不過腐菜。常曰'咬斷草根，百事可做'。性極孝，先王父母在日，旨甘必親調，出外必囑宜人烹飪如法。""身供不過腐菜"是說李化楠經常吃豆腐及其豆製鹹菜下飯，李調元對豆腐和豆製品的嗜好已在第二節中述及，因此我們對《醒園録》釀造、糕點、食品所占的比重，亦可理解。

《醒園録》一百二十一條正文中有九十七條見於他書記載，主要是《調鼎集》。

《調鼎集》是清代一部篇幅最大的食譜。原書是手抄本，現藏北京圖書館善本部。中國商業出版社 1986 年 12

月作為該社推出的《中國烹飪古籍叢刊》之一《調鼎集》，由邢渤濤注釋，所依據的底本就是北圖藏手抄本。原手抄本前有成多祿於戊辰年（1928）寫的《調鼎集序》。序中說："是書凡十卷，不著撰者姓名，蓋相傳舊鈔本也。上則水陸珍錯，羔雁禽魚，下及酒漿醯醬鹽醃之屬，凡周官庖人之所掌，內饔、外饔之所司，無不燦然大備於其中，其取物之多，用物之宏，視《齊民要術》所載物品飲食之法尤為詳備。為此書者，其殆躬逢太平之世，一時年豐物阜，匕鬯不驚，得以其暇，著為此篇，華而不僭，秩而不亂。……濟寧鑒齋先生與多祿相知餘二十年，素工賞鑒，博極群書，今以伊傅之資，當割烹鹽梅之任，則天下之喁喁屬望，歌舞醉飽，猶穆然想見賓筵禮樂之遺。而故人之所期許要自有遠且大者，又豈僅在尋常匕箸間哉！先生頗喜此書，屬弁數言以志贈書之雅云。戊辰上元成多祿序於京師十三古槐館。"該手抄本卷三目錄前署有"北硯食單卷三"字樣；其"特牲部"引言署名為"北硯氏漫識"；"雜牲部"引言署名為"北硯氏識"；卷四中有"童氏食規"字樣；卷五目錄前有"北硯"二字；卷八"酒譜序"曰："吾鄉紹酒，明以上未之前聞，此時不特不脛而走，幾遍天下矣，緣天下酒，有灰者甚多，飲之令人發渴，而紹酒獨無；天下之酒甜者居多，飲之令人停中滿悶，而紹

前言：不好吳餐好蜀餐——李調元與川菜

101

酒之性芳香醇烈，走而不守。故嗜之者以為上品，非私評也，余生長於紹，戚友之籍以生活者不一，山會之製造，又各不同，居恒留心採問，詳其始終節目，為縷述之，號曰《酒譜》。蓋余雖未親歷其間，而循則而治之，當可引繩批根，而神明其意也。會稽北硯童嶽薦書。”

　　種種蛛絲馬迹顯示，該書起碼有四卷（卷三、卷四、卷五、卷八）原來屬於一本名叫《北硯食單》（又名《童氏食規》）舊稿的内容，經輾轉流傳，附益增删，到了19世紀20年代，這部書稿落到濟寧鑒齋先生手中，書名變成《調鼎集》，這個名字誰取的，不知道，故曰佚名。從卷八《酒譜序》落款署名，我們又知道《北硯食單》的作者為“會稽北硯童嶽薦”。童嶽薦是誰？清李斗著《揚州畫舫錄》卷九《小秦淮録》條有一處記載：“童嶽薦，字硯北，紹興人。精於鹽筴，善謀畫，多奇中，寓居埂子上。”埂子上是清代揚州的一條街名。《揚州畫舫錄》卷九云：“埂子上一為鈔關街，北抵天寧門，南抵關口，地勢隆起。”至此，我們初步瞭解，童嶽薦，字北硯（硯北），會稽（紹興）人，是乾隆年間江南鹽商，他或即本書最早撰輯者，故該書原名《北硯食單》，又名《童氏食規》。那麼，《北硯食單》成書於何時呢？

　　我們發現成書於乾清乾隆三十年（乙酉，1765）的趙學敏著《本草綱目拾遺》卷七"藥製柑橘餅"條引《北硯食規》曰："用元明粉、半夏、青鹽、百藥草、天花粉、白茯苓各五錢，訶子、甘草、烏梅去核各二錢，硼砂、桔梗各三錢，以上俱用雪水煎半乾，去渣澄清取湯，煮甘橘，炭爨微火烘，日翻二次，每次輕輕細撳，使藥味盡入皮內，如撳破則不妙。能清火化痰，寬中降氣。"又卷八"荸薺粉"條引《童北硯食規》曰："出江西虔南，土人如造藕粉法製成，貨於遠方，作食品，一名烏芋粉，又名黑三棱粉。甘寒無毒，毀銅銷堅，除腹中痞積，丹石蠱毒，清心開翳，去肺胃經濕熱，過飲傷風失聲，瘡毒乾紫，可以起發。"又卷九"燕窩"條引《北硯食規》曰："有製素燕窩法：先入溫水一蕩伸腰，即浸入滾過冷水內，俟作料配菜齊集，另鍋製好，笊籬撈出燕窩，將滾湯在笊籬上淋兩三遍，可用，軟而不糊，半爛用。解食煙毒。"有此三條引文，足以證明《北硯食單》成書於清乾隆三十年（乙酉，1765）以前。

童嶽薦和李化楠同是清乾隆時人，又同在江浙經商、仕宦，然而在《李石亭詩集》和《李石亭文集》中均不見童嶽薦的蹤迹，那只有兩個解釋：一是童嶽薦不在李化楠的交遊名單中，二是童嶽薦所處時間可能比李化楠還要早得多。不管哪種情況，李化楠在撰寫《醒園錄》時，參考過《北硯食單》，並且是《醒園録》成書的主要資料來源。

《醒園録》全書百分之八十抄自《調鼎集》，其中有五十條出自《調鼎集》卷三、四、五、八，而這四卷確切知道出自清乾隆年間江南鹽商童嶽薦的《北硯食單》（《童氏食規》）。這個問題，前人早有認識。道光版函海《醒園録》、光緒版函海《醒園録》、四川大學圖書館藏單行本《醒園録》以及佚名手抄殘本《醒園録》署名皆為"羅江李化楠　石亭手抄"，這同李調元《醒園録序》所言"不假抄胥，手自繕寫"的説法是一致的。李化楠抄録文字分如下幾種：全文照抄，文字全同；將吳地方言變成四川話，文字略同；摘抄部分内容，抄録部分文字全同。正因為李化楠"不假抄胥，手自繕寫"，錯訛衍奪之處頗多。

我們説《醒園録》大部分抄自童嶽薦的《北硯食單》（《童氏食規》），但同不遵守學術規範那種抄襲不可同日而語，而是以我為主，為我所用的一種實用技藝資料摘編，是川菜發展史上的外來文化引進、融合。讀者從筆者的《醒園録》校注疏證中，不難發現今日四川飲食文化正是博采中華大地各處飲食文化精華的結晶，充分體現了"海納百川，有容乃大"的哲理。

乾隆三十三年（1769）李化楠逝世以後，留下《醒園録》初稿尚需整理刊刻流布。《醒園録》最早的版本是萬卷樓藏板。李調元於乾隆五十年落職回鄉，居醒園（今四川羅江區北調元鎮）。乾隆五十一年十一月萬卷書樓（即《雨村詩話》十六卷本卷一一所說的"函海樓"）在祖居南村（今四川羅江南村壩）落成。乾隆五十三年八月十七日李調元由醒園移居南村舊宅，曾賦詩曰："南村原是祖居堂，何必平泉戀別莊。清福由來神所忌，濁醪尚喜婦能藏。展開萬卷樓初上，灑埽三楹桂正香。不是龍雲山不好，里仁為美是吾鄉。"（《童山詩集》卷二六，戊申），大約乾隆五十四年左右李調元在萬卷樓建刻書房，《醒園錄》萬卷書樓藏板，大概就是這個時候刻成。

李調元對《醒園錄》的貢獻，不僅在刊刻流布方面，最重要的是從中提煉出的飲食思想。李調元的飲食思想主要體現在李調元《醒園錄・序》中的三句話：一是"飲食非細故"文化觀；二是"居家宜儉也，而待客則不可不豐"的禮儀規則；三是"自食宜淡也，而事親則不可不濃"的食道即孝道思想。下面略作闡釋。

第一，"飲食非細故"，這是講飲食文化的重要性。

細故即小事。飲食不是小事，飲食體現政治，體現文化。英國著名的人類學家和民族學家 B・馬林諾夫斯基說過："如果人類學家不充分關注食物需求這一人類社會的第二大基礎，整個文化科學就將一事無成。"[1] 馬林諾夫斯基是人類學功能學派的主要創始人，談起功能，人們自然會發問，什麼叫功能？所謂功能是指滿足需要。《孟子·告子上》："食色，性也。"《禮記·禮運》："飲食男女，人之大欲存焉。"飲食男女是人的本性，食欲和性欲是人們心中最大的欲望。飲食是滿足食欲的需要，男女是滿足性欲的需要。需要產生文化。《禮記·禮運》："夫禮之初，始諸飲食"，"民以食為天"，可以說飲食文化是人類的初始文化。中國人的飲食文化是中國文明的象徵。孫中山先生在《建國方略》一書中說："我中國近代文明進步，事事皆落人後，惟飲食一道之進步，至今尚為文明各國所不及。中國所發明之食物，固大盛於歐美；而中國烹調法之精良，又非歐美所可並駕。"飲食確非小事。

第二，"居家宜儉也，而待客則不可不豐"的禮儀規則。

"居家宜儉也，而待客則不可不豐"，即俗話說的"忍嘴待客"，這是中國人的傳統美德，優良的民風民俗。雖然人皆有渴飲饑餐的欲望，人又生活在一定的社會文化環境之中，如何處理人與人的關係是生存的需要，也是文化

① ［英］B. 馬林諾夫斯基：《野蠻人的性生活》第三版特別序言，團結出版社 1989 年版。

行為的條件。在人情交往過程中，把自己捨不得吃的東西拿來招待客人，讓客人開心滿意，我們在好多少數民族地區中都會體會到這種好客之風。作為文人士大夫的李調元把這種風俗上升為待人處事的禮儀來提倡，不能不說這是李調元飲食思想中可貴之點。

第三，如果說"居家宜儉也，而待客則不可不豐"是處理社區成員關係的民俗規則，那"自食宜淡也，而事親則不可不濃"則是在家庭內敬老孝親盡孝道。《孝經》言庶人之孝，即"用天之道，分地之利，謹身節用，以養父母"，就是兒女要努力生產，謹慎節用，供養父母。《呂氏春秋·孝行覽》更說供養父母有養體、養目、養耳、養口、養志五道，而其中養口之道、養志之道對庶人（一般老百姓）之家來說是最基本的孝道，即"熟五穀，烹六畜，和煎調，養口之道也；和顏色，說〔悅〕言語，敬進退，養志之道也。"就是把最好吃最可口的飯菜恭恭敬敬孝敬父母，這就是孝道。李調元在這裏提出了"食道"與"孝道"相通的飲食思想。

至於該書稿的整理刊刻，李調元在《醒園錄·序》中曾立下一條基本原則，即對於先父的《醒園錄》遺稿"不敢久閉笈筍，乃壽諸梓。書法行欵，悉依墨妙。點竄塗抹，援刻魯公《爭座位》例，各存其舊"。也就是說，先父原文怎麼寫，就怎麼刻印，保存原樣，不亂修改，原稿照刻。因而，《醒園録》手稿中字詞錯訛，魯魚亥豕，文句竄亂，張冠李戴，均未得以改正。例如，《醒園録》三十五《風板鴨法》，三十八《食牛肉法乾法》，四十二條《關東煮雞鴨法》，這三條文字錯亂得不知所云。1984年中國商業出版社出版《醒園録》鉛字排印本，點校粗疏，對於存在的問題居然未曾發現。因而，對《醒園録》來一次全面整理研究，便顯得十分迫切，十分必要。

《醒園録》和《中饋録》是四川飲食發展史上兩本重要的古典文獻。《中饋録》篇幅很短，全書只有二十條；且時代很晚，大概是同治、光緒年間四川華陽才女曾懿的著作，該書最重要的兩條（"製辣豆瓣法" "製泡鹽菜法"），筆者在本文第一節已全文引用。《醒園録》時代早，篇幅大，為學者和餐飲界從業人士經常提起，但至今沒有一個文從字順、比較完善的讀本供餐飲界學習，更缺乏一本研究著作供學者引用參考。有鑒於此，筆者從2006年12月在羅江舉行的四川省李調元學術研討會以後開始校點整理研究《醒園録》，斷斷續續拖了十四年，最近纔有把握拿出這部《醒園録注疏》書稿和一篇《不好吳餐好蜀餐》研究文章作為前言貢獻給學界，供大家批評指正。

下面談談我整理《醒園録》使用的版本和凡例。

一、本書以美國哈佛燕京圖書館藏清光緒八年
（1882）廣漢鍾登甲"樂道齋"仿萬卷樓刻《函海》刊本
《醒園録》為底本。鍾登甲"樂道齋"仿萬卷樓刻《函海》
刊本《醒園録》雖然不是最好的本子，但却是《醒園録》
現存刊本中有確切刊刻紀年（光緒壬午録於樂道齊）的流
行本。此外，本書又以清嘉慶李氏萬卷樓再刻本《醒園
録》、中華書局《叢書集成初編》1474 號《醒園録》鉛字
排印本、四川大學圖書館藏單刻本《醒園録》和四川大學
圖書館藏《醒園録》無名氏毛筆手抄本參校。《叢書集成
初編》編者稱，該書"據函海本排印"，據研究者言，這
個函海本系指《函海》道光本，這是《函海》六個版本中
最好的版本。四川大學圖書館藏單刻本《醒園録》二卷，
每卷首條下署"羅江　李化楠　石亭手抄"，款式與《叢
書集成初編》本《醒園録》同，卷首所附李調元所作序亦
與清嘉慶李氏萬卷樓再刻本《醒園録》及《叢書集成初
編》本《醒園録》無異，缺《童山文集》卷四《醒園録·
序》開頭一段，即"居家宜儉也，而待客則不可不豐；自
食宜淡也，而事親則不可不濃。此先大夫醒園之所由作
也"。此單刻本字體為行書，字裏行間時有添改筆迹，字
體圓潤，無轉折刀鋒，酷似手寫石印本，其時恐已在清末
同治、光、宣之際矣。然而它的内容與重慶市圖書館所藏

的清嘉慶李氏萬卷樓再刻本《醒園録》幾乎完全相同，可見它所依據的《醒園録》版本校早，尚有參校價值。四川大學圖書館古籍部收藏一部《醒園録》李化楠手抄本影本殘本（簡稱"川大手抄本"），此殘本缺序，抄者佚名。正文缺"做香乾菜法"至"抱鴨蛋法"共十八條，字句間有與上述四個版本不同之處，亦用於比勘參校。

二、本書注疏採用校、注、疏、按等形式。

1. 校：對正文中的文字進行校勘，以①②③表示；

2. 注：對正文中疑難和舛訛的字、詞、句加以解釋和考證，以【1】【2】【3】表示；

3. 疏：對正文的資料來源加以補充、說明；

4. 按：對"疏"中文字的解釋或據之對正文予以考證，緊接"疏"後，以【1】【2】【3】表示。

三、《醒園録》原書正文每一條無序號，為了醒目，筆者在每條題目前面均加"一、二、三……"序號，以示區別。

四、本書前言《不好吳餐好蜀餐——李調元與川菜》是筆者對《醒園録》一書的研究成果，希望能對讀者能起到指南的作用。

江玉祥

2020 年 12 月 24 日校訂於四川大學

《醒園録》 序

清·李調元

居家宜儉也，而待客則不可不豐；自食宜淡也，而事親則不可不濃[1]。此先大夫《醒園》之所由作也①[2]。

先大夫自諸生時[3]，疏食菜羹[4]，不求安飽。然事先大父母[5]，必備極甘旨[6]。至於宦遊所到[7]，多吳越南珍之鄉[8]。廚人進而甘焉者[9]，隨訪而誌諸冊[10]，不假抄胥[11]，手自繕寫[12]，蓋歷數十年如一日矣[13]。

夫《禮》詳《內則》[14]。養老，有淳熬淳母之別[15]；奉親，有飴蜜滫瀡之和[16]。極之蝸、范、蚳、蜂之細[17]；芝、栭、葱、薤之微[18]。棗蒸栗擇、削瓜鑽梨之事[19]，罔不備舉。寧獨大者軒，細者膾，冬行鱻，夏行腒，委曲詳載爾乎[20]。

夫飲食非細故也[21]。《易》警臘毒[22]，《書》重鹽梅[23]。烹魚，則《詩》羨誰能[24]，胹熊，則《傳》懲口實[25]。是故，箴銘之作，不遺盤盂[26]。知味之喻[27]，更歎能鮮！誤食蟛蜞者[28]，猶②讀《爾雅》不熟；雪桃以黍者，亦未聆《家語》之訓乎[29]！在昔，賈思勰之《要術》，遍及齊民[30]。近即，劉青田之《多能》，豈真鄙事【31】？《茶經》《酒譜》，足解羈愁【32】。鹿尾、蟹蝑，恨不同載【33】。夫豈好事，蓋亦有意存焉。

是録偶然涉筆，不言著述而著述莫大焉。時一恭展，儼然見先大夫之精神如在，而菽粟之味獨留，家風③猶憶"醒園"，不啻隨先大夫後，捧匜進爵，陪色笑於先大父母之側也【34】。不敢久閉笈笥，乃壽諸梓【35】。書法行欵，悉依墨妙【36】。點竄塗抹，援刻魯公《爭座位》例，各存其舊【37】。亦謂父之書，手澤存焉耳④【38】（《叢書集成初編》1474號續接"猶之母之盃棬，口澤存焉耳【39】"）。然而言及此，已不禁淚涔涔如緪縻矣【40】。

童山李調元序⑤。

校

①"居家宜儉也……此先大夫《醒園》之所由也"這段文字，見《童山文集》卷四《醒園録·序》，光緒八年（壬午）廣漢鍾登甲"樂道齊"仿萬卷樓刻《函海》刊本《醒園録》同。清嘉慶李氏萬卷樓再刻本《醒園録·序》，《叢書集成初編》1474號鉛印本《醒園録·序》，四川大學圖書館藏單行本《醒園録·序》均缺這段文字。

②清嘉慶李氏萬卷樓再刻本、《叢書集成初編》本

1474 號鉛印本，四川大學圖書館藏單行本均作"由"。

③清嘉慶李氏萬卷樓再刻本、《叢書集成初編》本1474 號鉛印本，四川大學圖書館藏單行本均缺"不言著述……家風"這段文字。

④清嘉慶李氏萬卷樓再刻本、《叢書集成初編》本1474 號鉛印本、四川大學圖書館藏單行本在"焉"與"耳"之間，尚有一句"猶之母之盃棬，口澤存焉"。《童山文集》卷四《醒園録·序》和光緒八年（壬午）廣漢鍾登甲"樂道齋"刻本缺這句。

⑤清嘉慶李氏萬卷樓再刻本、《叢書集成初編》本1474 號鉛印本、四川大學圖書館藏單行本作"男調元謹志"。

注

【1】居家：治家，處理家務。事親：事奉父母。

【2】先大夫：稱已死而又做過官的父親或祖父。此指李調元的父親李化楠。李化楠（1713—1769），字廷節，號石亭，四川羅江縣人，乾隆七年（壬戌，1742）進士。乾隆十八年，為浙江余姚縣知縣；乾隆二十一年調任秀水縣令；乾隆二十二年嗣權平湖，仁心惠政，膾炙人口，平湖口碑有"七年如雲煙，兩月見青天"之諺頌，兩浙巡府

楊廷璋特疏保薦，旋以丁憂去任。服闋補順天北路同知，勤於治理，循章卓然，乾隆三十三年（戊子）除夕卒於任所，享年五十七歲。著有《石亭詩集》十卷，《石亭文集》六卷，《醒園錄》食譜二卷。

第一段，主要講李化楠所以編纂《醒園錄》的由來、宗旨。

【3】諸生：明清時經省各級考試錄取入府、州、縣學者，稱生員。生員有增生、附生、廩生、例生等名目，統稱諸生。

【4】疏食菜羹：出自《論語·鄉黨》："雖疏食菜羹，瓜祭，必齊如也。"疏食，粗糲的食物；菜羹，用蔬菜煮的羹。

【5】先大父母：稱已死的祖父祖母。此指李化楠的父親李文彩及李化楠的母親趙氏。

【6】備極甘旨：甘旨，美味；備極甘旨，以豐富的美味食品事奉祖父祖母。

【7】宦遊：外出做官。

【8】多吳越南珍之鄉：多在江浙這些南方珍饈美味之鄉。他本或作"吳羹酸苦之鄉"。吳羹酸苦，出自屈原《招魂》："和酸若苦，陳吳羹些。"意為：調和酸味與苦味，陳列吳地羹（用肉和菜做成的濃湯）。又景差《大

招》："吳酸蒿蔞，不沾薄只。"王逸注"言吳人工調醎酸，
爤蒿蔞以為齏，其味不濃不薄，適甘美也。"吳，古國名。
周初泰伯居吳，在江蘇無錫縣梅里。至19世孫壽夢始興
盛稱王。據有淮泗以南至浙江太湖以東地區。傳至夫差，
公元前475年為越所滅。李化楠一生為官處所，如余姚、
秀水、平湖，多在吳地，故曰："多吳羹酸苦之鄉。"

【9】甘焉者：甘，嗜好，喜愛；焉者，即之者。甘
焉者，即喜愛吃的東西。

【10】隨訪而誌諸冊：隨，跟從；訪，詢問；誌諸
冊，記之於冊。

【11】不假抄胥：抄胥，舊時官署專管抄寫的書吏。
不假，不憑藉。

【12】手自繕寫：親自用手抄寫。

【13】歷：《叢書集成初編》本1474號作"感"，今
據光緒《函海》本《〈醒園錄〉序》《童山文集》卷四
《〈醒園錄〉序》和川大手抄本改。

第二段，記《醒園錄》食譜二卷資料來源。

【14】夫《禮》詳《內則》：《禮》，指《禮記》，其
書第十二《內則》側重記先秦日常生活禮節和守則。

【15】養老，有淳熬淳母之別：古代養老飲食如養
親（父母）之事，有八種烹飪法，謂之八珍。何為八珍？

其說不一。《周禮·天官·膳夫》："珍用八物。"鄭玄注
釋："珍謂淳熬、淳母、炮豚、炮牂、擣珍、漬、肝膋。"
《禮記·內則》稱淳熬、淳母、炮、擣珍、漬、為熬、糝、
肝膋為八珍。《禮記·內則》："淳熬：煎醢加於陸稻上，
沃之以膏，曰淳熬。淳母：煎醢加於黍食上，沃之以膏，
曰淳母。"（淳熬：熬肉醬，放在陸生稻米所做的飯上，上
面再澆上油，這種食物叫作淳熬。淳母：熬肉醬，放在黍
米飯上，再澆上油，這種食物叫做淳母。）

【16】奉親，有飴蜜滫瀡之和：奉親，事奉父母、公
婆（舅姑）。《禮記·內則》規定："婦事舅姑（即公婆），
如事父母。""問所欲而敬進之，柔色以溫之。饘、酏、酒、
醴、芼羹、菽、麥、蕡、稻、黍、粱、秫惟所欲，棗、栗、
飴、蜜以甘之，菫、荁、枌、榆、兔、薧、滫、瀡以滑之，
脂膏以膏之，父母舅姑必嘗之而後退。"（問老人想吃什麼，
就恭敬地進上，和顏悅色地奉承。稠粥、稀粥、酒醴、帶
菜的肉湯、豆飯、麥飯、麻仁飯、大米飯、黍米飯、白粱
米飯、黏米飯，都根據老人的意思來供應。用紅棗、栗子、
飴糖、蜂蜜放在粥飯裏，以求飯食甜些，用新生的或晾乾
的菫菜葉、荁菜葉、白榆葉、刺榆葉調和在食物裏，以求
飯菜柔滑些，用油脂澆在食物上，以求飯菜滋潤些，一定
要伺候父母公婆食用之後纔能告退。）

【17】極之蜩、范、蚳、蝝之細：蜩，蟬。范，蜂。蚳，蟻卵。蝝，川大手抄本作"沿"，誤。蝝，未生翅的蝗子。以上這四種細小的昆蟲，古人均食用。

【18】芝、栭、蔥、薤之微：芝，靈芝；栭，同"栬"，枯木上生的菌類植物，即木耳。乾木耳，叫栭脯。宋陸游《劍南詩稿》卷一七《冬夜與溥庵主說川食戲作》："唐安薏米白如玉，漢嘉栭脯美勝肉。"薤，草本植物，又名"藠（jiào）頭"。鱗莖名薤白，可食，並入葯。《禮記·內則》："脂用蔥，膏用薤。"

【19】棗蒸栗擇、削瓜鑽梨之事：棗蒸栗擇，出自《儀禮·聘禮》："夫人使下大夫勞以二竹簋方，玄被纁裏，有蓋。其實棗蒸栗擇，兼執之以進。賓受棗，大夫二手授栗。賓之受，如初禮。"（受聘國國君的夫人派下大夫來慰勞，拿著二個方竹簋，有黑色面子、淺紅色裏子的遮蓋物，有蓋子，裏邊裝著棗和栗子。右手拿著棗，左手拿著栗子進前，主賓接受棗，大夫用雙手把栗子交給主賓，主賓接受，如同接受來慰勞的卿的禮儀。）削瓜，出自《禮記·曲禮上》："為天子削瓜者，副（劈）之，巾以絺。"孔穎達疏："此為人君削瓜禮也。"（為天子削瓜，削去皮，先切成四塊，然後橫切，蓋上細葛麻巾。）鑽梨，即攢梨，《禮記·內則》："柤、梨曰攢之。"（挑出帶蟲孔的梨子叫"攢"）。

【20】寧獨大者軒，細者膾，冬行鱻，夏行腒，委曲詳載爾乎：寧獨，難道僅僅是。大者軒，細者膾，出自《禮記·內則》："肉腥，細者為膾，大者為軒。"（各種鮮肉，切成絲的叫膾，切成片的叫軒。）冬行鱻，夏行腒，出自《周禮·天官·庖人》："凡用禽獻，春行羔豚，膳膏香；夏行腒（jū，乾雉）鱐（sù，乾魚），膳膏臊；秋行犢麛（mí，幼鹿），膳膏腥；冬行鱻（xiān，古'鮮'字）羽，膳膏羶。"（這段話意思說食用肉類，春天吃羔羊乳豬，要用牛油烹調；夏天吃雞乾魚乾，用狗油烹調；秋天吃小牛幼鹿，用豬油烹調；冬天吃鮮魚大雁，用羊油烹調。）委曲：委，原委；曲，曲折。即事情的原委底細。

【21】夫飲食非細故也：細故，小事。

【22】《易》警腊毒：《易·噬嗑（卦二十一）》筮辭："六三 噬腊肉，遇毒。小吝，無咎。"李鏡池釋義曰："腊肉：乾肉。為了把一時吃不完的肉保藏起來，因此把它晒乾或烘乾，製成腊肉。但製作不善或保存不善，乾肉就會變壞有毒，同時打獵時的銅箭頭在裏面生鏽也會有毒。所以吃乾肉會中毒。不過還算好，不嚴重。"（李鏡池著，曹礎基整理《周易通義》，中華書局1981年版，第44頁。）

【23】《書》重鹽梅：《尚書·商書·說命下》："若

作和羹，爾惟鹽梅。"孔氏傳曰："鹽鹹梅醋，羹須鹹醋以和之。"

【24】烹魚，則《詩》美誰能：《詩·檜風·匪風》："誰能亨（烹）魚？溉之釜鬵（xǐn，大鍋）。"

【25】胹熊，則《傳》懲口實：胹，音"而"，煮也。胹熊，即煮熊蹯（掌）。《左傳》宣公二年："晉靈公不君：……宰夫胹熊蹯不熟，殺之，寘諸畚，使婦人載以過朝。趙盾、士季見其手，問其故，而患之。"

【26】箴：規諫，告誡。銘，為文刻於器物之上，稱述生平功德，使傳揚於後世，或用以自警。《墨子·非命下》："鏤之金石，琢之盤盂，傳遺後世子孫。"將箴言刻於盤盂，如《禮記·大學》："湯之《盤銘》曰：'苟日新，日日新，又日新。'"

【27】知味之喻：《禮記·大學》："心不在焉，視而不見，聽而不聞，食而不知其味。"用以說明，修身在於端正自心的道理。

【28】蟛蜞：或作"蟚蜞"，小蟹名。又名蟛蚎、蟛螖、蟛蜎。《爾雅·釋魚》："蜎蠌，小者蟧。"晉郭璞注"螺屬，見《埤蒼》。或曰：即彭（蟛）蜎也，似蟹而小。"晉崔豹撰《古今注》中《魚蟲》："蟛蚎，小蟹也。生海邊，食土，一名長卿。其有一螯偏大，謂之擁劍，亦名執

火，以其螯赤，故謂執火也。"白居易《和微之春日投簡陽明洞天五十韻》："鄉味珍蟚蜎，時鮮貴鷓鴣。"清屈大均著《廣東新語》卷二三《介語·螃蜞》："凡春正二月，南風起，海中無霧，則公螃蜞出。夏四五月，大禾既蒔，則母螃蜞出。白者曰白螃蜞，以鹽酒醃之，置茶蘼花朵其中，晒以烈日，有香撲鼻。生毛者曰毛螃蜞，嘗以糞田飼鴨，然有毒，多食發吐痢，而潮人無日不食以當園蔬。……食惟白螃蜞稱珍品。"

【29】雪桃以黍者：謂用黍子來擦拭桃子上的毛。《孔子家語》卷五《子路初見》："孔子侍坐於哀公，賜之桃與黍焉，哀公曰：'請食。'孔子先食黍而後食桃，左右皆掩口而笑。公曰：'黍者所以雪（拭）桃，非為食之也。'孔子對曰：'丘知之矣。然夫黍者，五穀之長，郊禮宗廟以為上盛。果屬有六，而桃為下，祭祀不用，不登郊廟。丘聞之，君子以賤雪貴，不聞以貴雪賤。今以五穀之長雪果之下者，是從上雪下，臣以為妨於教，害於義，故不敢。'公曰：'善哉！'"

《孔子家語》為晚出之書，此典故最早見於《韓非子·外儲說左下》："孔子侍坐於魯哀公，哀公賜之桃與黍，哀公曰：'請用。'仲尼先飯黍而後啖桃，左右皆掩口而笑。哀公曰：'黍者，非飯之也，以雪桃也。'仲尼對

曰：'丘知之矣。夫黍者五穀之長也，祭先王為上盛。果
蓏有六，而桃為下，祭先王不得入廟。丘之聞也，君子以
賤雪貴，不聞以貴雪賤。今以五穀之長雪果蓏之下，是從
上雪下也，丘以為妨義，故不敢以先於宗廟之盛也。'"

【30】《要術》：即北魏賈思勰所撰《齊民要術》的
簡稱。齊民：漢司馬遷撰《史記·平准書》："齊民無藏
蓋。"《集解》引如淳曰："齊等無有貴賤，故謂之齊民。
若今言'平民'矣。"《齊民要術》是中國現存最早最完整
的古代農學名著，《齊民要術》意為平民百姓謀生的重要
方法，就是人民群眾從事生活資料生產的重要技術知識，
故曰"遍及齊民"。

【31】劉青田之《多能》：即署名明初青田人劉基
(1311—1375) 撰寫的類書《多能鄙事》，該書全十二卷，
分十一個部門，收錄了日常生活中必備的知識。其中卷一
至卷三與飲食有關，但是其記載有許多與元代的《居家必
用事類全集》類似。這一點在卷二記述的基本烹飪方法中
尤為顯著。卷四記述了老年人的食療養生方法。其書名源
自《論語·子罕》孔子"吾少賤，故鄙事多能也"。（我小
時候窮苦，所以學會了不少鄙賤的技藝。）也有人認為該
書是後人的偽作。

【32】《茶經》《酒譜》，足解羈愁：《茶經》是唐朝

的陸羽於公元 758 年左右創作的世界上第一部茶學專著。《酒譜》作者竇苹，成書於宋仁宗天聖二年（1024），雜取有關酒的故事、掌故、傳聞計十四題，包括酒的起源，酒的名稱，酒的歷史，名人酒事，酒的功用、性味、飲器、傳說，飲酒的禮儀，關於酒的詩文等，內容豐實，多採"舊聞"，且分類排比，一目了然，可以說是對北宋以前中國酒文化的彙集，有較高的史料價值。羈愁，寄居異地，旅途漂泊的憂愁。

【33】鹿尾、蟹蝑，恨不同載：鹿尾，鹿之尾，古代珍貴食品。唐段成式《酉陽雜俎》前集七《酒食》："（南朝梁劉）孝儀曰：鄴中鹿尾，乃酒殽之最。"清袁枚《隨園食單·雜牲單·鹿尾》："尹文端公品味，以鹿尾為第一。然南方人不能常得。從北京來者，又苦不鮮新。余嘗得極大者，用菜葉包而蒸之，味果不同。其最佳處在尾上一道漿耳。"蟹蝑：即蟹胥。《周禮·天官·庖人》："共祭祀之好羞。"鄭玄注釋："謂四時所為膳食，若荊州之鱃魚，青州之蟹胥，雖非常物，進之孝也。"疏：《釋文》引《字林》云："胥，蟹醬也。"孫詒讓案：胥亦作"蝑"，《廣韻·四十禡》云"蝑，鹽藏蟹"是也。云"雖非常物，進之孝也"者，此好羞在六畜、六獸、六禽之外，非常用之物。必進者，示備珍品，以盡孝道也。（《周禮正義》卷七）

第三、四兩段，講飲食不是小事情。

【34】不嘗隨先大夫後，捧匜進爵，陪色笑於先大
父母之側也：不嘗，無異於。捧匜，兩手承托着盛水的匜
（略似後今洗臉盆）；進爵，奉上斟滿酒的爵。色笑，和悅
的容貌；陪色笑於先大父母之側，即侍奉於祖父祖母
之側。

【35】不敢久閉笈笥，乃壽諸梓：笈笥，書箱和衣
箱。壽諸梓，即"付梓"，即刊板印刷。

【36】墨妙：精妙的文章、書法、繪畫。

【37】點竄塗抹：修改字句。魯公（709—785），即
顏真卿，字清臣，唐朝京兆萬年人，著名書法家，行草書
有《祭侄稿》《爭座位帖》《裴將軍帖》《自書告身》等。
《爭座位帖》，亦稱《論座帖》《與郭僕射書》，行草書。是
唐廣德二年（764）顏真卿致尚書右僕射郭英乂的書信稿。
宋時曾歸長安安師文，安氏以這份點竄塗抹的手稿真迹原
封不動，模勒刻石。石現在陝西西安碑林，墨迹不傳。蘇
軾曾於安氏處見真迹贊曰："此比公他書猶為奇特，信手
自書，動有姿態。"（東坡題跋）米芾《書史》："《爭座位
帖》有篆籀氣，為顏書第一，字相連屬，詭異飛動，得於
意外。"後世以此帖與《蘭亭序》合稱"雙璧"。《醒園錄》
也是李化楠的一篇草稿，李調元援引前人刻顏真卿《爭座

位帖》的例子，原文怎麼寫，就怎麼刻印，保存原樣，不亂修改。

【38】亦謂父之書，手澤存焉：手澤，猶言手汗。《禮記·玉藻》："父沒而不能讀父之書，手澤存焉耳。"（父親謝世之後，不要翻讀父親讀過的書冊，因為書冊上存在著父親的手澤）後通稱先人或前輩的遺墨、遺物為手澤。

【39】猶之母之盃棬，口澤存焉耳：盃棬，同"桮棬""盃圈""桮圈"，器名。先用枝條編成盃盤之形，再以漆加工製成盃盤。口澤，口中的津液。《禮記·玉藻》："母沒而盃圈不能飲焉，口澤之氣存焉爾。"（母親謝世之後，不要使用母親用過的盃盤，因為盃盤上存在著母親的口澤氣息。孝子睹物思親，不忍動用。）

【40】然而言及此，已不禁淚涔涔如綆縻矣：形容淚水下流，就像井繩上的水滴，牽流不斷。三國王粲《詠史詩》："臨穴呼蒼天，涕下如綆縻。"

最後一段，李調元表白他編纂乃父李化楠的手稿本著盡孝道的精神，"書法行欵，悉依墨妙""點竄塗抹，各存其舊"，保存了李化楠的手澤。

《醒園録》 卷 上

一　作米醬法

用飯米春粉，澆水作^①餅子，放蒸籠內蒸熟。候冷，鋪草蓋草加扁[1]，七日過，取出晒乾，刷毛不用春碎[2]。每斤配鹽四兩，水十大碗。鹽水先煎滾[3]，候冷澄清，泡黃攪爛[4]，約五六日後，用細篩磨擦，下落盆內。付日中大晒四十日[5]，收貯聽用。

按[6]：此黃雖系飯米，一經發黃，內中鬆動，用水一泡，加以早晚翻攪，安有不化之理？似可不用篩磨，以省沾染之費，更為捷便[7]。

又法

用糯米與飯米對配，作法同前。

又法

白米不論何米，江米更妙[8]。用滾水

煮幾滾，帶生撈起[9]，不可大熟。蒸飯透熟（不透不妙），取起用蓆攤開寸半②厚，俟冷，上面不拘用何東西蓋密，至七日過，晒乾。總以毛多為妙，如遇好天氣，用冷茶溫③拌濕，再晒乾④。每米黃一斤[10]，配鹽半斤，水四斤。鹽水煮滾，澄清去渣底，候水冷，將米入於鹽水內，晒至四十九日，不時用竹片攪勻。倘日氣[11]太大，晒至期，過於乾者，須用冷茶湯和勻（不乾不用）。俟四十九天之後，將米並水俱收起，磨極細，即米醬矣（或用細篩擦細爛亦可）。以後或仍晒，或蓋密，置於當日處俱可。如醬乾些，可加冷茶和勻再晒。凡要攪時，當看天氣清亮，方可動手。若遇陰天，不必打破醬面。

校

①川大手抄本"作"作"做"。

②川大手抄本"寸半"作"半寸"。

③清嘉慶李氏萬卷樓再刻本、四川大學圖書館藏單刻本、《叢書集成初編》本均作"茶湯"，義勝。"溫"應為"湯"，手民之誤。

④川大手抄本無"總以毛多為妙，如遇好天氣，用冷茶湯拌濕，再晒乾"。

注

【1】加扁：凡器物不圓者曰扁。《詩·小雅·白華》："有扁斯石。"加扁，即將蒸好的米餅鋪草蓋草後，上面加用扁的石頭或扁平的物體壓住，避免透風。四川一個製醬的師傅告訴我，"加扁"是加窄或加寬的木壓條、板，其作用是用來壓草的。

【2】這段講用飯米舂成粉卷製成醬麴的過程，《齊民要術》稱此法為"作黃衣法"。衣，指大量繁殖著的菌類群體，呈黃綠色，故名。繆啟愉先生說：作醬主要藉助於霉菌的營糖化和水解蛋白質作用，用不著刷去黃色菌衣（毛）。如把黃毛刷去，則酵解作用大減，成品質量必然差（《齊民要術校釋》，中國農業出版社1998年版，第533頁）。

【3】煎滾：熬鹽水至沸騰。

【4】泡黃：用鹽水泡黃色的醬麴。

【5】付日中大曬四十日：付，給與；日中，指中午太陽仰角最大。即置於中午太陽下面大曬四十天。

【6】此條按語可能係李調元整理其父手抄稿件時所加。

【7】捷便：簡捷方便。

【8】江米：又叫糯米，一般來說，北方稱江米，而南方叫糯米，是居家經常食用的糧食之一。

【9】帶生：帶夾生的飯。

【10】米黃：發酵後的醬胚。

【11】日氣：日光散發的熱氣。

疏

［清］佚名撰《調鼎集》卷一《醬‧米醬》："白米舂粉，燒水作餅子，蒸熟候冷，鋪草上，以草蓋之。七日取出，晒乾，刷去毛，不必搗碎，每斤配鹽四兩，水十大碗。鹽水先煎滾，候冷澄清，泡黃。早晚翻攪，晒四十日，收貯聽用。又，糯米與白米對配，作同前。又，不論何米，江米更好，用水煎幾滾，帶生撈起，不可太熟，蒸透（不透不妨）取起，用蓆攤開寸半厚，候冷，蓋密。至七日，晒乾。如遇好天，用冷茶拌濕再晒。每米黃一斤，配鹽一斤，水四斤。鹽水煮滾，澄清去渣，候冷，將米入鹽水，晒四十九日，不時用竹棍攪勻。倘日色太烈，晒至期過乾，用冷茶和勻（不乾不用），候四十九日後，將米並水俱收起，磨極細，即成米醬（或用細篩磨爛亦可）。以後或晒或蓋，密置當日處，任便加醬，乾可加冷茶和勻，再晒。凡攪時，看天氣晴明動手。如遇陰天，則不可攪。

二 作甜醬法

白麵十斤，以滾水做成餅子，不可太厚，中挖一孔，令其透氣，蒸熟。於暖房內，上下用稻草鋪排，草上加蓆，放麵餅於上，覆以蓆子，勿令見風。俟七日後[1]，發黃取出[2]，候冷、晒乾。每十斤配鹽二斤八兩，用滾水泡半日，候冷，澄清去渾底，下黃時，以木扒子打攪令爛。每早未出日時，翻攪極透。晒至紅色，用磨磨過，放大鍋內煎之。每一鍋放紅糖一兩，不住手攪，熬至顏色極紅為度。裝入罈內，俟冷封口，仍放日地晒之[3]。鮮美味佳。

按[4]：醬晒至紅色後，可以不用磨，只在合鹽水時攪打，用手擦摩極爛。或將黃先行杵破[5]，粗篩篩過，以鹽水泡之，自然融化，兼可不用鍋內煎，只用大盆盛置鍋內，隔湯煮之，亦加紅糖，不住手攪至紅色，裝起。似略簡。

注

【1】俟：等待。

【2】古代製醬，將原料做成餅狀，蓋上東西，在適當溫度、濕度下，使麴菌（一種絲狀菌）在餅上繁殖。麴菌孢子在幾天之內發芽、生長菌絲，接著菌絲又生育孢子。因為孢子是黃綠色，所以餅上就佈滿了黃綠色。這個工作，古時名叫"罨黃"，又叫"發黃""上黃"。已經"罨黃"的半成品，古時叫"黃蒸"，現在叫"醬黃"。

【3】日地：太陽曬得到的地方，即四川俗語太陽壩頭。

【4】此條按語在《調鼎集》原有，作"一云"的內容。

【5】杵破：杵，舂米的木棒。杵破，即舂爛。

疏

［清］佚名撰《調鼎集》卷一《醬・麵甜醬》："白麵十斤，以滾水作成餅子，不可太厚，中挖一孔，令透氣，蒸熟。放暖屋，用稻草鋪遍，草上加席，放麵於上，覆以席，勿令見風。俟七日發黃，取出，候冷晒乾，每十斤配

鹽二斤八兩。滾水將鹽泡半日，候冷，澄去渾腳。下黃時，以木扒攪令爛。每早日未時翻攪極透，晒紅，取出磨過，放大鍋煎之。每一鍋放紅糖一兩，不住手攪熬至顏色極紅，裝罈，候冷封口。仍晒之，味甚鮮美。一云：醬晒至紅色，可以不磨，只在合鹽水時攪打，用手擦摩極爛，或先行杵碎，粗篩篩過，以水泡之，自然融化。兼可不用鍋煎，只用大盆，盛置鍋內，隔湯煮之，亦加紅糖，不住手攪至紅色，裝起。此法似略簡。"

又法

做清醬亦用此黃，見後條。

先用白飯米泡水，隔宿撈起舂粉[1]，篩就晒乾。或碎米亦好。次用黃豆洗淨（約十五斤麥麵① 可配黃豆一斗），和水滿鍋，慢火煮至一日，歇火悶蓋隔宿，次早連計② 取出，大盆內同麵拌勻，用手揣揉[2]，聶成魂子③[3]，鋪排草蓆上，仍用草蓋住至霉，少七天，多十天取出，擺開晒乾，刷去黃毛，杵碎，與鹽對醋和勻④，裝入盆內。每黃一斤，配好西瓜六斤。削去青皮，用木板⑤架於盛黃盆上，刮開去瓤，揉爛帶汁子，一併下去。白皮切作薄片，仍用刀橫札⑥細碎攪勻。此醬所重者瓜汁，一點勿輕棄。將盆開口，付日中大晒，日攪四五次，至四十日裝入罈內聽用。若要作菜碟下稀飯單用者，候一個月時，另取一小罈，用老薑或嫩薑切絲多下。加杏仁，去皮尖，用豆油先煮至透，攪勻再晒十多天收貯，可當淡豉之用[4]。

校

①清嘉慶李氏萬卷樓再刻本、四川大學圖書館藏單刻本作"米麵"。

②清嘉慶李氏萬卷樓再刻本、《叢書集成初編》本作"汁"，以作"汁"為是，形近而誤。

③四川大學圖書館藏單刻本作"塊"。清嘉慶李氏萬卷樓再刻本、《叢書集成初編》本作"塊"，以"塊"為是，形近而誤。

④川大手抄本、清嘉慶李氏萬卷再刻本、四川大學圖書館藏單刻本此句為"與鹽對醋（按前法每十斤用鹽二斤八兩）和勻"。

⑤《叢書集成初編》本同。清嘉慶李氏萬卷樓再刻本、川大手抄本，四川大學圖書館藏單刻本作"木柸(hù)"。《康熙字典》木部"柸"字條引《韻會》曰：柸者，交互其木，以為遮攔也。即用木條做的三腳架。

⑥《叢書集成初編》本同。清嘉慶李氏萬卷樓再刻本、四川大學圖書館藏單刻本作"扎"，以"扎"為是。

注

【1】隔宿：隔夜。

【2】揣揉：揣（zhuī），捶擊。捶擊揉搓，和麵的動作。

【3】聶（niē）：古同"捏"，用拇指和其他手指夾住。

【4】淡豉：淡豆豉。《食經》叫"家裏食豉"。《齊民要術》卷八第七十二《作豉法》引《食經》曰："作家理食豉法：隨作多少。精擇豆，浸一宿，旦，炊之，與炊米同。若作一石豉，炊一石豆。熟，取生茅臥之，如作女麴形。二七日，豆生黃衣，簸去之，更曝令燥。後以水浸令濕，手搏之，使汁出——從指歧間出——為佳，以著甕器中。掘地作埳，令足容甕器。燒埳中令熱，內甕著埳中。以桑葉蓋豉上，厚三寸許，以物蓋甕頭令密，塗之。十許日成，出，曝之，令浥浥然。又蒸熟，又曝。如此三遍，成矣。"

疏

［清］佚名撰《調鼎集》卷一《醬·西瓜甜醬》："用

白飯米泡水，隔宿撈起，舂粉，篩就，晒乾。或碎末亦可。次用黃豆淘淨（米粉十五斤配黃豆亦可），和水，和滿鍋，慢火煮一日，歇火悶一複時。次早連汁取出，入大盆內，同粉拌勻，用手揣揉，撚成塊子，鋪草席上，仍用草蓋。少則七日，多則十日，取出攤門上晒乾。刷去毛。杵碎，與鹽對配（前去黃子十斤，用鹽二斤八兩），和勻裝盆。每黃一斤，配好西瓜六斤，削去青皮，用木板架子盛黃盆上，切開瓤，揉爛，帶汁子一併下去，白皮切作薄片，仍用力橫括細碎，攪勻。此醬所重者，瓜汁一點勿輕棄。將盆開口向日中大晒，攪四五次，至四十日裝罈，聽用。若欲作菜，候一月時，另取小罐，用老薑或嫩薑切絲多下，加杏仁，去皮尖。如要入菜油，先煮透，攪勻，再晒十餘日，收貯，可當淡豆豉用。"

又法

每斗黃豆，配乾白麵十五斤。先用鹽滾水泡化，澄去沙底，晒乾，淨重十二斤。將豆下大鍋，水配滿，煮至一天，歇火收蓋隔宿。次早，連汁取入大盆內，同乾麵拌勻。用手攝起，排蘆席上，草蓋令發霉。少七天，多十天，取出擺開，晒乾研碎下缸，將鹽泡水和下。欲乾，水少些；欲稀，水多些。日晒，每早用棍子攪翻，十天或半月可用。

按[1]：此法用多水。依後方，作醬油亦佳。

【1】 此條按語在《調鼎集》原有，作"一云"的
内容。

［清］佚名撰《調鼎集》卷一《醬·麵甜醬》："又，
黄豆五升，配乾麵粉十五斤。先將鹽用滾水泡開，澄去渾
腳，晒乾，淨用十二斤，將豆下大鍋，水配滿，煮一夜歇
火。次早，汁取入大盆，用麵粉拌匀，用手撚起，排蘆席
上，蓋草，令發霉，少則七日，多則十日，取出攤開，晒
乾研碎，下缸，將鹽泡水和下，欲乾少下水，欲稀多下
水，日晒，每早用木棍翻攪，十日或半月可用。一云：多
用水，依前小麥麵方作醬油。亦佳。"

三 作麵醬法

用小麥麵，不拘多少，和水成塊，切作片子，約厚四五分，蒸熟。先於空房內，用青蒿鋪地（或鮮荷葉亦可），加用乾稻草或穀草，上面再鋪蓆子，然後將蒸熟麵片鋪排草蓆上。鋪畢，複用穀稻草上加蓆子，蓋至半月後，變發生毛（亦有七日者），取出晒乾，以透為度，將毛刷去，用新磁器收貯候用。臨日①時，研成細麵，每十斤配鹽二斤半，應將大鹽預先研細，全②淨水煎滾，候冷，澄清去渾腳，和黃入缸或加紅糖亦可[1]，以水較醬黃約高寸許為度。乃付大日中晒月餘[2]，每早日出時翻攪極透，自成好醬。

校

①清嘉慶李氏萬卷樓再刻本、《叢書

集成初編》本、四川大學圖書館藏單刻本作"用"，以"用"為是。

②清嘉慶李氏萬卷樓再刻本、《叢書集成初編》本、四川大學圖書館藏單刻本作"同"。

注

【1】和黃：和上醬黃。

【2】大日：大太陽。

疏

〔清〕佚名撰《調鼎集》卷一《醬·麵甜醬》："又，小麥蒸粉[1]不拘多少，和水成塊，切片約厚四五分，蒸。先於空房內，用青蒿鋪地，鮮荷葉亦可，加乾稻草，上面再鋪蓆，將熟麵片排草上，覆以稻草蓋上。至半月後發黃，取出晒乾，將毛刷去，用新磁器收存。臨用，研成細粉，每十斤，配鹽二斤八兩。將大鹽預先杆碎[2]，淨水煎過，澄去渾腳，和黃入缸。或加紅糖亦可，以水較醬黃約高寸許，大日晒月餘，每早日未出時，翻轉極透，自成好醬。"

按

【1】"小麥蒸粉"應為"小麥麵粉"之誤。

【2】"杆碎"應為"杵碎"之誤。

<h2 style="text-align:center">又法</h2>

重羅白麵[1]，每斗得黃酒糟一飯碗，泛麵做劑子[2]。如一斤一個，蒸熟晾冷，拾成一堆，用布包袱蓋好，十日後皮作黃色，內泛起如鋒①窩眼為度。分開小塊晒乾，用石碾碾爛，汲新井水調和，不乾不濕。還可抓成團。每麵一斗，約用鹽四斤六兩，調勻下缸。大晴天晒五日，即泛漲如粥。醬皮有紅色如油，用木扒兜底掏轉，仍照前一斗之數，再加鹽三斤半，調和後，按五日一次掏轉，晒至四十五日即成醬可食矣。切忌：醬晒熟時，不可亂動。

校

①清嘉慶李氏萬卷樓再刻本、《叢書集成初編》本、四川大學圖書館藏單刻本作"蜂"。

注

【1】重羅白麵：即細羅篩篩過的小麥麵粉。

【2】泛麵做劑子：指用老酵做發麵劑。

疏

［清］佚名撰《調鼎集》卷一《醬·麵甜醬》："又，

白麵粉每斗得黃酒糟一飯碗，入麵做劑子，一斤一個，蒸熟，晾冷收，成一堆，用布袍袱蓋好，十日後，皮作黃色，內泛起如蜂窩，分開小塊，晒乾研爛，新汲井水調和，不乾不濕，便可卷成團。每麵一斤，約用鹽四斤六兩，調勻下缸，大晴天晒五日，即泛漲如粥，醬皮紅色如油。用木扒兜底掏轉，仍照前一斗之數，再加鹽三斤半，調和後，按五日一次掏轉，晒至四十五日，即成醬矣。醬油熱時不可亂動，切忌。"

四 做清醬法【1】

黑豆先煮極爛，撈起候略溫，加白麵拌勻（每豆一斗配麵三斤，多不過五斤），攤開有半寸厚，上用布蓋密，不拘蓆草皆可。候發霉生毛，至七天過晒乾，天氣熱不過五六日，涼不過六七日為期，總以生毛多妙①。不可使爛②。如遇好天氣，用冷茶湯拌濕再晒乾（用茶湯拌者，欲其味甘，不拘幾次，越多越好）。每豆黃一斤，配鹽十四兩，水四斤，鹽同水煮滾，澄清去渾底，晾冷，將豆黃入鹽水內，泡晒至四十九日。如要香，可加香蕈【2】、大茴【3】、花椒、薑絲、芝麻各少許。撈出二貨豆渣【4】，合鹽水再熬，酌量加水（每水一斤，加鹽三兩）。再撈出三貨豆渣【5】，再加鹽水，再熬③，去渣。然後將一二次之水，隨便合作一處拌勻，或再晒幾天，或用糠火薰滾皆可。其豆渣尚可作家常小菜用也。

按[6]：豆渣晒微乾，加香料，即可作香豆豉。詳見
豆豉類。

校

①《叢書集成初編》本同。清嘉慶李氏萬卷樓再刻
本、四川大學圖書館藏單刻本作"總以生毛多為妙"。

②《叢書集成初編》本同。清嘉慶李氏萬卷樓再刻
本、四川大學圖書館藏單刻本作"然不可使爛"。

③川大手抄本、清嘉慶李氏萬卷樓再刻本作"並再加
鹽水再熬"。

注

【1】 清醬：清醬是用豆、麥、麩皮釀造的液體調味
品。色澤紅褐色，有獨特醬香，滋味鮮美，有助於促進食
欲，是中國的傳統調味品。清醬即醬油，它是從豆醬演變
和發展而成的。中國歷史上最早使用"醬油"名稱是在宋
朝，林洪著《山家清供》中有"韭葉嫩者，用薑絲、醬
油、滴醋拌食"的記述。

【2】 香蕈：又叫香菇、花菇、香信、香菌、冬菇、
香菰，為側耳科植物香蕈的子實體。是我國特產之一，在
民間素有"山珍"之稱。它是一種生長在木材上的真菌。

味道鮮美，香氣沁人，營養豐富，富含維生素 B 群、鐵、鉀、維生素 D 原，味甘，性平。

【3】大茴：茴香共分兩種：一種是大茴香，就是我們做調料用的八角，它的果實也可以做香料，主要在兩廣、福建、臺灣等地人工栽培。再有一種就是小茴香，它是以果實為香料、莖葉為食用器官的一種蔬菜。

【4】二貨豆渣：已泡過一次的豆母子。

【5】三貨豆渣：已泡過兩次的豆母子。

【6】此條按語在《調鼎集》中系正文內容。

疏

［清］佚名撰《調鼎集》卷一《醬油・黑豆醬油》："黑豆先煮極爛，撈起，候略溫，加白麵粉拘拌勻（每豆一斗，配麵二斤或五斤），攤開了半寸厚，用布蓋密，或蓆草亦可。候發霉至七日，晒乾。天氣熱，不過五六日，涼則六七日，總以多生黃衣為妙。然不可過爛，如遇天色晴明，用冷茶拌濕再晒乾（用冷茶拌者，欲其味甘，不拘幾次，愈多愈妙。）每黃豆一斤，配鹽十四兩，水四斤。鹽和水煮滾，澄清去渾腳，晾冷，將豆黃入鹽水泡，晒四十九日。要香加香蕈、大茴、花椒、薑絲、芝麻各少許。撈出兩次豆渣，加鹽水再熬，酌量加水（每水十斤，加鹽

二兩）。再撈出三次豆渣，加鹽水再熬，去渣，然後將一二次之水，隨便合作一處拌勻，或再晒幾日，或用糠火煨滾，皆可。其豆渣微乾加香料，即名'香豉'，可作家常小菜也。"

又法

每揀淨黃豆一斗，用水過頭，煮熱[①]，豆色以紅為度。連豆汁盛起。每斗豆用白麵二十四斤，連湯豆拌勻，或用竹籩及柳籩分盛[1]，攤開泊按實。將籩安放無風屋內，上覆蓋稻草，霉至七日後，去草，連籩搬出日晒，晚間收進，次日又晒，晒足十四天。如遇陰雨，須補足十四天之數，總以極乾為度，此作醬黃之法也。霉好醬黃一斗，先用井水五斗，量準，注入缸內，再每斗醬黃用生鹽十五斤，秤足，將鹽盛在竹籃內，或竹淘籮內。在水內溶化入缸，去其底下渣滓，然後將醬黃入缸晒三日，至第四日早，用木扒兜底掏轉（晒熱時切不可動）。又過二日，如法再打轉，如是者三四次。晒至二十天即成清醬可食矣。

至逼清醬之法[2]，以竹絲編成圓筒，有周圍而無底口。南方人名醬篘[3]，京中花兒市有賣，並蓋缸篋編箬絮[4]，大小缸蓋，俱可向花兒市買。臨逼時，將醬篘置之缸中，俟篘坐實缸底時，將篘中渾醬不住挖出，漸漸見底乃已。篘上用磚頭一塊壓住，以防醬篘浮起，缸底流入渾醬。至次早啟蓋視之，則篘中俱屬清醬。可用碗緩緩挖起，另住①潔淨缸罈内，仍安放有日色處，再晒半月。罈口須用紗或麻布包好，以防蒼蠅投入。如欲多做，可將豆麵水鹽照數加增。清醬已成，末篘時，先將浮面豆渣撈起一半晒乾，可作香豆豉用。

校

①《叢書集成初編》本作"蒸熱"。清嘉慶李氏萬卷樓再刻本、四川大學圖書館藏單刻本作"煮熟"。

注

【1】竹籩：籩，古代祭祀燕享時用以盛果脯等的竹編食器。形製如豆，容四升。《爾雅·釋器》："竹豆謂之籩。"這裏指用竹編的容器。柳籩：用柳條編的籩。這裏指用柳條編的容器。

【2】逼：即"湢"，擋住渣滓或泡的東西，把液體濾出。

【3】醬篘（chōu）：竹編的圓筒無底、用於浸漏醬汁的工具，俗名"秋子"。

【4】篾編箬絮：箬，竹筍皮，即筍殼；絮，在衣服、被褥裏鋪棉花、絲綿等。篾編箬絮，在竹篾編的缸蓋裏鋪上筍殼，就可以日遮太陽夜遮雨。

疏

〔清〕佚名撰《調鼎集》卷一《醬油·黃豆醬油》："每揀淨黃豆一斗，用水煮熟，須慢火煮，以豆色紅為度。連豆汁盛起。每斗豆用白麵二十四斤，連汁並豆拌勻，或用竹篷，或柳篷分盛，攤薄按實，將篷放無風處，上覆稻草，顯七日[1]，去草，日晚間收，次日又晒，至十四天，遇陰天，算數補之，總以極乾為度。此作醬黃之法也。顯好醬黃一斗，先用井水五斗，量準傾缸內，每斗醬黃用生鹽十五斤稱足，將鹽盛竹籃，或竹筲箕[2]，溶化入缸，去其底渣，將醬黃加入，晒三日，至第四日早晨用木扒兜底掏轉（晒熱時不可動），又過二日，如法再掏轉。如此者三四次，至二十日，即成醬油。至瀝醬油之法，以竹絲編成圓筒，有周圍而無有底口，名曰醬篘，坐實缸底，篘中渾醬住，不挖出，見底乃已，篘上用磚壓住，以防醬篘浮起，缸底流入渾醬。次早，則篘中則俱屬清醬，緩緩舀起，另住潔淨缸內[3]，仍放有日處，再晒半月。缸口用紗或麻布包好，以免蒼蠅投入。如欲多做，將豆、麵、水、鹽照數加增。末籜時，其浮面豆渣撈去一半，晒乾，可作乾豆豉用。"

按

【1】黬：應為"黴"字之誤。"黴"與"霉"同。

【2】筲箕：竹編的淘米工具。

【3】住：應為"注"之誤，意為灌入，注入。

又法

將前法醬黃整塊（醬黃，即做甜醬所用者是也，已見前篇），先用飯①候冷，逐塊溫濕[1]。晒乾，如法再搵再晒，日四五度。若日炎[2]，可乾六七次更妙，至赤色乃止。黃每斤配鹽四兩，水十大碗，鹽水先煎滾，澄清候冷泡醬黃，付日大晒乾，即添滾水至原泡分量為準。不時略攪，但勿攪破醬黃塊耳。至赤色，將滷濾起，下鍋加香菰、八角、茴、花椒（俱整蕊用[3]）、芝麻（用口袋盛之），同前②三四滾，加好老酒一小瓶再滾，裝入罐內聽用。其渣再酌量加鹽，煎水如前法，再晒至赤色，下鍋煎數滾，收貯以備煮物作料之用。

①《叢書集成初編》本同。清嘉慶李氏萬卷樓再刻本、四川大學圖書館藏單刻本作"飯湯"。

②《叢書集成初編》本同。清嘉慶李氏萬卷樓再刻本、四川大學圖書館藏單刻本作"煎"。

注

【1】温濕：他本均作"搵濕"，搵（wèn），拭，擦。

【2】日炎：天氣極熱。

【3】整蕊：即整個、整粒。

疏

［清］佚名撰《調鼎集》卷一《醬油·黃豆醬油》："又，將前法醬黃整塊（將［醬］黃，即做甜醬所用者），先將飯湯候冷，逐塊搵濕，晒乾再搵，再晒，日四五度。若日炎，可乾六七次更妙。至色赤乃止。黃每斤配鹽四兩，水十大碗，鹽水先煎滾，澄清候冷，泡醬黃，晒乾，即添滾水至原泡分量為準，不時略攪，但不可攪破醬黃塊，晒至赤色，將滷濾起下鍋，加香蕈、大茴、花椒（整粒用），芝麻（用袋盛）同入，三四滾，加好老黃酒一小瓶再滾，裝罐聽用。其渣再酌量加鹽煎水如前法，再晒至赤色，下鍋再煮數滾，收貯以備煮物作料之用。"

五 做麥油法①

　　將小麥洗淨，用水下鍋煮熟，悶乾，取起鋪大扁内[1]，付日中晒之，不時用快子翻攪[2]，至半乾，將扁抬入陰房内，上面用扁蓋密。三日後，不天氣大太熱②，麥氣大旺，日間將扁揭開，夜間仍舊蓋密；若天不熱，麥氣不甚旺盛，不過日間將扁脫開縫就好；倘天氣雖熱而麥氣不熱，即當密蓋為是，切毋洩氣。至七日後取出晒乾。若一斗出有加倍，即為盡發。將作就麥黃，不必如作豆油以飯泊③漂晒，即帶菨毛。每斤配鹽四兩，水十大碗。鹽水先煎滾，澄清候冷，泡麥黃，付大日中晒至乾，再添滾水至原泡分量為準。不時略攪，至赤色，將滷濾起，下鍋内，加香菇、八角、茴（俱整蕊用）、芝麻（口袋盛之），同煎三四滾，加好老酒一小瓶再滾，裝入罈④内聽用。其渣再酌量加鹽煎

水如前法，再至赤色，下鍋煎數滾，收貯以備煮物作料
之需。

校

①《叢書集成初編》本同。清嘉慶李氏萬卷樓再刻
本、四川大學圖書館藏單刻本作"做麥油法即清油"。

②清嘉慶李氏萬卷樓再刻本、《叢書集成初編》本、
四川大學圖書館藏單刻本作"如天氣太熱"。

③清嘉慶李氏萬卷樓再刻本、《叢書集成初編》本、
四川大學圖書館藏單刻本作"飯泔"。

④清嘉慶李氏萬卷樓再刻本、《叢書集成初編》本、
四川大學圖書館藏單刻本作"罐"。

注

【1】大扁：扁，即"籩"。竹製的容器。

【2】快子：即"筷子"。

疏

［清］佚名撰《調鼎集》卷一《醬油·小麥醬油》：
"將小麥淘淨，下鍋煮熟，悶乾取起，攤鋪大籩內日晒，
不時用筷翻攪，半乾，將籩揭開。晚房上，用籩蓋密，三
日，如天氣太熱，麥氣太旺，日間將籩抬入空間，仍蓋

密。若天氣不熱，麥氣不旺，則日間將簟開縫就好。倘天氣雖熱，而麥氣不旺，即當蓋密為是，切勿透風氣。七日後取出，晒乾。若一斗出有加倍，即為盡發。將做就麥黃，以飯汁漂晒，即帶綠色，每斤配四兩水，十大碗鹽水，先煎滾，澄清，候冷泡麥黃，日晒至乾，再添滾水至原泡分量為準，不時略攪，至赤色，將滷濾起下鍋，加香蕈、大茴（整用）、芝麻（袋盛）同入，三四滾，加好老黃酒一小瓶再滾，裝罐聽用。其渣酌量加鹽煎水，如前法，再至赤色，下鍋煎數滾，收貯，以備煮物使料之用。"

又法

做麥黃與前同。但晒乾時，用手搓摩，揚簸去霉，磨成細麵。每黃十斤，配鹽三斤，水十斤。鹽用①水煎滾，澄去渾腳，合黃麥②做一大塊，揉得不硬不軟，如餑餑樣就好，裝入缸內，蓋藏令發。次日掀開，用一手捧水，節節灑下，付日大晒一天，加水一次，至用棍子可攪得活活就止。即或遇雨，不至③生蛆。

校

①清嘉慶李氏萬卷樓再刻本、《叢書集成初編》本、

四川大學圖書館藏單刻本作"同"。

②《叢書集成初編》本同。清嘉慶李氏萬卷樓再刻本、四川大學圖書館藏單刻本作"麵"。以"麵"為是。

③《叢書集成初編》本同。清嘉慶李氏萬卷樓再刻本、四川大學圖書館藏單刻本作"致"。以"致"為是。

疏

[清] 佚名撰《調鼎集》卷一《醬油·小麥醬油》："又，麥黃與前同，但晒乾時，用手搓摩揚簸去霉，磨成細麵，每黃十斤，配鹽三斤，水十斤。鹽同水煎滾，澄去渾腳，合黃麵做一大塊，揉得不硬不軟，如餑餑式，裝缸蓋緊，令發。次日掀開，用一手掬水，揚揚灑下，晒加一次，至用木棍攪得活轉就止。或遇雨，亦不致生蛆。"

用芥子研碎入豆醬内不生蟲。或用花椒亦可。

疏

〔清〕佚名撰《調鼎集》卷一《醬》："醬不生蟲：面上灑芥末或川椒末，則蟲不生。辟蠅蚋[1]：面上灑小茴末，再用雞翎蘸生香油抹缸口，則蠅蚋不入。凡生白衣與醬油渾腳，用次等氊帽頭稀而不緊者濾之，則淨。醋同。"

按

【1】蠅蚋（yíng ruì）：蒼蠅和蚊子。蚋，同"蜹"，蚊子。《說文》："秦晉謂之蜹，楚謂之蚊。"

七　醬油不用煎

醬油濾出上甕，將瓦盆蓋口，以石灰封好，日日晒之，倍勝於煎。

疏

［清］佚名《調鼎集》卷一《醬油·造醬油論》一："又，醬油濾出，入甕，用瓦盆蓋口，以石灰封口，日日晒之，倍勝於煎。"

八 做醬諸忌

一下醬忌辛日[1]；一防不潔淨身子眼日①；一忌缸罈泡洗未淨；一防生雨點入缸內；一醬晒得極熱時，不可攪動，晚間不可即蓋。遇應攪之日，務於清早。上蓋必待夜靜涼冷。下雨時缸蓋亦當用棍②撐起，若悶住恐翻黃。

校

①清嘉慶李氏萬卷樓再刻本、《叢書集成初編》本、四川大學圖書館藏單刻本作"眼目"。

②《叢書集成初編》本同。清嘉慶李氏萬卷樓再刻本、四川大學圖書館藏單刻本作"木棍"。

注

【1】辛日：古代以甲子計日，每十

日必有一個辛日。

疏

〔清〕佚名撰《調鼎集》卷一《醬油·造醬忌日》：
"一、下醬忌辛日；一、水日造醬必蟲[1]；一、孕婦造醬
必苦[2]；一、防雨點入缸；一、防不潔身子、眼目；一、
忌缸罈泡法不淨；一、醬晒得極熱時，不可攪動，晚間不
可即蓋。應攪之日，務於清早上蓋，必待夜靜晾冷。下雨
時蓋缸，亦當用木棍撐起，若悶住，黃必翻[3]。又，日
已出或日已沒下醬[4]，無蠅。又橙合醬，不酸。又，雷
時合醬，令人複鳴[5]。又，月上下弦之候[6]，觸
醬輒[7]。"

按

【1】水日：日子的干支的花甲子納音：丙子丁丑澗
下水，甲申乙酉泉中水，壬辰癸巳長流水，丙午丁未天河
水，甲寅乙卯大溪水，壬戌癸亥大海水。

【2】孕婦造醬必苦：舊時認為孕婦身子不潔。這是
賤視婦女的封建迷信說法。

【3】黃必翻：醬入缸後，若處理不當，其內部生
熱，會使醬逐漸變質並漲滿溢出，這種現象稱為"翻黃"。

【4】日已出：根據上下文意思，似應為"日未出"。

【5】複鳴：即重（chóng）聽，聽覺失靈。打雷時合醬，會使人重聽，無科學道理。

【6】月上下弦之候：月上弦，為夏曆每月初八、九日；月下弦時，為夏曆每月二十二、二十三日。所謂弦，是以此時月亮的形狀如彎弓而得名。上弦時，可看見月球西邊的半圓；下弦時，可看見月球東邊的半圓。

【7】觸醬輒：輒（zhé），指患足疾。《春秋穀梁傳》昭公二十年曰："輒者何也？曰：兩足不能相過。齊謂之綦，楚謂之踂（niè），衛謂之輒。"兩足不能相過，就是兩足相並，不能開步。觸醬會患足疾，也是沒有科學道理的。

九 做醬用水

須臘月內，擇極涼日煮滾水，放天井空處冷透收存，待夏泡醬及油，用此臘水最益人[1]，又不生蛆蟲，且經久不壞。

又云，造醬要三熟：謂熟水調麵，蒸熟麵餅，熟水浸鹽也。每黃十斤，配鹽三斤，水十斤，乃做醬一定之法。斟酌加減，隨宜而用。水內入鹽，須攪過二三次澄清，用竹籬林①過，去盡泥腳。試鹽水之法，將雞蛋下去，浮有二指高，即極鹹矣。

校

①清嘉慶李氏萬卷樓再刻本、《叢書集成初編》本、四川大學圖書館藏單刻本作"淋"。

注

【1】臘水：臘日（臘八日）之水。明馮應京《月令廣義》卷二十《十二月令·貯神水》引《救人方》稱臘日之水為神水，說："臘中貯水，來年治一切疾病，製飲食，臘八日水尤神。"

疏

［清］佚名撰《調鼎集》卷一《造醬用臘水》："頭年臘水，揀極凍日煮滾，水放天井空處，冷定存。俟夏月泡醬，是為臘水，最益人，不生蟲，經久不壞。造醬油同。又，六月六日取水，淨甕盛之，用以作醬、醋，醃物一年不壞。"

［清］佚名撰《調鼎集》卷一《造醬要三熟》："熟水調麵做餅；熟麵做黃，將餅蒸過，用草罨；熟水浸鹽，鹽用滾水浸。造醬油同。"

［清］佚名撰《調鼎集》卷一《試鹽水》："一、試鹽水鹹淡，用雞子一枚入鹽水內[1]，若鹹淡適中，蛋浮八分；淡則沉下，鹹則浮起二指，絲毫不爽。每黃十斤，配鹽三斤，水十斤，乃做醬油一定之法，斟酌加減，隨宜而用。一、鹽入水，順攪二、三次，澄清，濾去泥渣，二次下鹽再晒。色淡加麥糖汁[2]、甘草水，但加顏色須防春

發霉，秋冬無礙。”

按

【1】 雞子：雞蛋。

【2】 麥糖：即“麥芽糖”。

十
做
香
豆
豉
法

每豆一斗，用過頭水煮熟[1]，將水逼乾[2]，用白麵二十斤拌勻。霉法與上做清醬①同。霉好，用杏仁、瓜子仁、薑絲、紫蘇、八角、茴香、小茴香、花椒、白糖、陳皮、瓜塊、燒酒（內陳皮須煮出苦水）拌勻，盛潔淨磁甄②內，將瓶口泥好，晒至一月，即成香豉矣。

若有前方清醬之餘豆，則此方之黃，可以不用另做。

又法

預備黑豆，水煮熟，晾微乾，收藏空房內，蓋密。發黃至半個月，取出晒乾，揚去綠衣。每日用清冷飯滾湯拌濕令透，晒極乾，再拌再晒，不拘日數，總以豆顆鬆破為準，或夜間漂露更妙。晒極乾，淨重五斤。大杏仁（一斤半或二斤亦可）水浸，勿搖動，去皮尖，晾乾，用久陳皮（切細絲八兩四，製的亦可）、老薑（二斤洗淨，連皮切細絲，晾微乾），以上備齊，總稱若干重，欲淡，每十兩配鹽一兩；欲鹹，每十兩配鹽二兩，或一兩五錢。臨合時，用西瓜汁泡化，澄清去砂腳和入。初次總合諸料時，用大西瓜二枚，取肉汁子揉爛和入（但當記得留汁泡鹽去沙為要），大晒至極乾，再下一枚，和入再晒，至極乾，然後另用家蘇葉（一兩）[3]、薄荷葉（一兩）、厚樸（一兩半，薑汁炒）、甘草（一兩）、烏梅肉（二兩半）、小茴香（一兩）、川貝母（一兩）、密桔梗（一兩半）、入水二十碗，煎至十二碗，濾出頭汁。再入水前③，約渣水十五碗，煎至八碗去渣。二汁合拌。前料晒乾，再另用大粉草（八錢）、家紫蘇（八錢）、薄荷（八錢八）、小茴（八錢八）、大茴（八錢）、川貝母（五錢八）、砂仁（六錢八）、花椒（六錢八）、柿霜（二兩），各研細末拌入和好，老酒拌濕令透。當令有餘瀝以為晒日乾燥地步[4]，迨晒去餘瀝[5]，不至乾燥，用小口磁罐裝貯，布塞極緊，勿使漏氣，輪轉晒二十天。若太濕，晒至一月可用。罐口或用豬尿包，或泥封固均可。若藏久太乾，當用老酒拌濕，再晒幾天，自然再潤。

又云：若要自用，西瓜用三次更妙。倘要賣的，西瓜只用一次。藥汁中加烏糖八兩亦可。瓜用三次者，初次之

瓜，只單取汁，子肉不用，至二三次纔將瓜瓢切作指頭大
塊。按：所配藥料，不無太輕，意當以加倍為妥。（拌酒
之法，每豆豉一斤，加老酒四兩八錢）。

校

①《叢書集成初編》本、四川大學圖書館藏單刻本
同。清嘉慶李氏萬卷樓再刻本作"清醬法"。

②清嘉慶李氏萬卷樓再刻本、《叢書集成初編》本、
四川大學圖書館藏單刻本均作"瓶"，以"瓶"為是。

③《叢書集成初編》本、四川大學圖書館藏單刻本
同。清嘉慶李氏萬卷樓再刻本作"煎"。

注

【1】過頭水：淹過（豆）頭的水。

【2】漏：即"濾"，擋住渣滓或泡的東西，把液體
濾出。

【3】家蘇葉：即人工栽培的紫蘇葉。

【4】餘瀝：原為剩餘的酒，此處指剩餘的水分。

【5】迨：等到。

《醒園錄》 卷上

做就黑豆黃十斤，配鹽四十兩，金華甜酒十碗[1]，先用滾湯二十碗，泡鹽作滷，候冷澄清，將黃下缸，入鹽水並酒，晒四十九日，下大小茴香，紫蘇葉、薄荷葉各一兩剉粗末[2]，甘草粉、陳皮絲各一兩，花椒一兩，乾薑絲半斤，杏仁去皮尖一斤，各料和入缸內再攪，晒二三日，用罎裝起，泥封固。隔年吃極妙，蘸肉吃更妙①。

按[3]：陳、椒、薑、杏四味，當同黃一齊下晒，或候晒至二十多天下去亦可。若待隔年吃之，即當照原法晒為妥。

又法

發就豆黃一斤，好西瓜瓤一斤，好老酒一斤，鹽半斤，先用酒將鹽澆化澄沙，合黃與瓜瓤攪勻，裝入罎內封固，俟四十天可吃。不晒日。

①清嘉慶李氏萬卷樓再刻本、《叢書集成初編》本、四川大學圖書館藏單刻本作"更好"。

注

【1】金華甜酒：清袁枚《隨園食單》"金華酒"條："金華酒，有紹興之清，無其澀；有女貞之甜，無其俗。亦以陳者為佳。蓋金華一路水清之故也。"

【2】剉（cuò）："銼"的異體字。用剉刀製備碎末。

【3】此條按語或為李調元所加。

疏

這種水豆豉製法系採自浙江。〔清〕朱彝尊（1629—1709）撰《食憲鴻秘》上卷《醬之屬·水豆豉》："好黃子十斤，下缸，入金華甜酒十碗，次入鹽水，（先一日用好鹽四十兩，入滾湯二十碗化開，澄定用），攪勻。晒四十九日畢，方下大小茴香末各一兩、草果、官桂末各五錢、木香末三錢、陳皮絲一兩、花椒末一兩、乾薑絲半斤、杏仁一斤，各料和入缸內，又打又晒三日，裝入罈，隔年方好。蘸肉吃更妙。"

十二 豆腐乳法

将豆腐切作方塊，用鹽醃三四天，出晒兩天，置蒸籠内，蒸至極熟，出晒一天和便醬，下酒少許，蓋密晒之。或加小茴末和晒更佳。

前法麵醬黃做就研成細麵，用鮮豆腐十斤，配鹽二斤，切成扁塊，一重鹽，一重豆腐，醃五六天撈起，留滷候用。將豆腐鋪排蒸籠內蒸熟，連籠置空房中約半個月，候豆腐變發生毛，將毛抹倒，微微晾乾，再稱豆腐與黃對配，乃將留存腐滷澄清去渾腳，泡黃成醬，一層醬，一層豆腐，一層香油，加整個花椒數顆，層層裝入罈內，泥封固，付日中晒之，一月可吃。香油即蔴油，每斤可四兩為準。

又法

先將前法做就麵黃，研成細麵。用鮮豆腐十斤，配鹽一斤半，豆腐切作小方塊，一重鹽，一重豆腐，醃五六天撈起，鋪排蒸籠內蒸熟，連籠置空房中約半個月，俟豆腐變發生毛，將毛抹倒，晾微乾。一層醬麵，一層豆腐，裝入罈內，仍加整花椒數顆，逐塊皆要離曠[1]，不可相挨，中留一大孔，透底裝滿，上面仍用醬麵厚厚蓋之，以好老酒作汁，灌下封密，日晒一個月可用。

注

【1】離曠：豆腐乳與豆腐乳之間要留有間隙，互不相挨。

每鮮豆腐十斤，配鹽二斤半（其鹽三分之中，當留一小分，俟裝罈時拌入糟膏內）。將豆腐一塊切作兩塊，一重鹽，一重豆腐，裝入盆內，用木板蓋之，上用小石壓之，但不可太重。醃二日洗撈起，晒之至晚，蒸之。次日複晒複蒸，再切寸方塊，配白糯米五升，洗淘乾淨煮爛，撈飯候冷（蒸飯未免太乾，定當煮撈脂膏，自可多取為要）。用白麴五塊，研末拌勻，裝入桶盆內，用手輕壓抹光，以巾布蓋塞極密，次早開看起發，用手節次刨放米籮擦之（次早刨擦，未免太早，當三天為妥）[1]，下用盆承接脂膏，其糟粕不用，和好老酒一大瓶，紅麴末少許拌勻[2]。一重糟，一重豆腐，分裝小罐內，只可七分滿就好（以防沸溢）。蓋密。外用布或泥封固，收藏四十天方可吃用，不可晒日

（紅麴末多些好看，裝時當加白麴末少許纔鬆破。若太乾，酒當多添，俾膏酒略淹豆腐為妙）。

又法

用鮮豆腐切成四方塊子，加一或加一五鹽醃之，付滾水煮一二滾，取起，用前方拌就。糯米飯與豆腐對配，重重裝入罈內，用酒作水，密封。候二十天過可用。

又法

與醬豆腐乳之法略相同，但須於酒內酌量添鹽。

①光緒函海本缺"糟豆腐乳法""又法""又法"，此據四川大學圖書館藏單刻本、《叢書集成初編》本校補。

注

【1】此括弧內的文字與括弧前面的文字，有商榷之意，疑為李調元所加。

【2】紅麴：用紅麴霉在稻米中培養而成，供製造紅糟、紅酒及紅腐乳時做天然色素使用。

十五　凍豆腐法①

　　將冬天所凍豆腐，放背陰房内，候次年冰水化盡，入大磁甕内，埋背陰土中，到六月取出會食[1]，真佳品也。

　　校

　　①光緒函海本缺"凍豆腐法"標題，此據四川大學圖書館藏單刻本、圖書集成初編本校補。

　　注

　　【1】會食：疑為"燴食"。

赤米不用舂，洗淨蒸飯，拌麴發香，用水或用酒潑皆可發，越久越好。乃將酒渣節節添入（即熬酒之熬桶尾）[1]，俟月餘可用。如有發霉，用鐵火鍼燒極紅淬之，每日一二次，仍連罈取出晒之。

注

【1】酒渣：釀酒後剩餘的殘渣，又叫酒糟。節節：逐次。

疏

［清］佚名撰《調鼎集》卷一《醋·米醋》："赤米不用舂，淘淨蒸飯，拌麴發香，用水或用酒潑皆可。其麴發時，愈久愈好。乃將酒渣節節添入（即熬酒之熬桶尾），俟月餘可用。如霉，用鐵火鉗燒紅淬之，每日一二次，仍連罈取出，晒之。"

又法

糙米一斗，浸過夜，取出蒸熟成飯，晾冷透，裝入罈內，三日酸透，入涼水三十斤，用柳條每日攪數次。七日後不須攪。過一月不動，俟其成醋，濾去糟粕，入花椒、黃柏少許[1]，煎數滾，收罈內聽用。

注

【1】黃柏：中藥名。

疏

［清］佚名撰《調鼎集》卷一《醋‧米醋》："又，糙米一斗，浸過夜，取出蒸熟，晾冷裝罈，三日酸透，入涼水三十斤，用柳條每日攪數次，七日後不必攪，過一月不動，俟其成醋，濾去糟粕，入花椒、黃柏少許，煎數滾，收罈聽用。"

十七 極酸醋法

五月五①時，用做就粽子七個，每個內各夾白麯一塊，外加生艾心七個，紅麯一把，合為一處，裝入甕內，用井水灌之，約七八分滿就好。甕口以布塞得極緊，置背陰地方，候三五日過，早晚用棍子攪之。嘗看至有醋味，然後用烏糖四五圓打碎[1]，和燒酒四五壺，隔湯頓至糖化[2]，取起候冷，傾入醋內，早晚仍不時攪之，俟極酸了可用。要用時，取起醋汁一罐，換燒酒一罐下去，永吃不完，酸亦不退。

①清嘉慶李氏萬卷樓再刻本、《叢書集成初編》本、四川大學圖書館藏單刻本作"午"。

注

【1】烏糖：即紅糖，未經精煉的粗製蔗糖，潮汕人俗稱為"烏糖"，又叫"黑糖"。

【2】頓：此是民間工匠寫的同音字，現寫作"燉"。

疏

〔清〕佚名撰《調鼎集》卷一《醋·極酸醋》："五月午時，用做就粽子七個，每個內夾白麯一塊，外加生艾心七個，紅麯粉一把，合為一處，裝甕，灌井水七八分滿，甕口以布塞得極緊，置背陰地方，候三五日，早晚用木棍攪之，嘗有酸味，再用黑糖四五圓打碎，和燒酒四五觳隔湯燉[1]，糖化取起，候冷，傾入醋內，早晚仍不時攪之，俟極酸可用。要用時，取起酸汁一罐，換燒酒一罐下取，再用不完，酸亦不退。"

按

【1】觳：疑為"榼"（kē）之訛寫。榼，古代盛酒器。

《醒園錄》卷上

067

十八 千里醋法

烏梅去核一斤，以釀醋五升，浸一伏時[1]，晒乾，再浸再晒，以醋收盡為度。醋浸蒸餅，和之為丸，如芡實大[2]。欲食時，投一二丸於湯中，即成好醋矣。

注

【1】一伏時：同"一複時"，即"一晝夜"，二十四小時。

【2】芡實：中藥名，別名雞頭。為睡蓮科植物芡的乾燥成熟種仁。

疏

［清］佚名撰《調鼎集》卷一《醋·烏梅醋（出路用，一名"千里醋"）》："烏梅（去核）一斤，捶碎，釀醋五斤，傾入烏梅浸一複時，晒乾。再浸再晒，以醋收盡為度。研成細末，和之為丸，如芡實

大，收貯。用一二丸於湯中，即成醋矣。

　　"又，出路用：烏梅葉頻浸頻晒，用時入葉一片，即成醋味矣。"

十九 焦飯做醋法

　　蒸飯後鍋底鏟起焦飯，俗名鍋巴，投入白水罈裝，置近火煖熱處。時常用棍子攪之。七日後，便成醋矣。

　　凡酒酸不可飲者，投以鍋巴，依前法作醋，用紹興酸酒更好。

疏

　　［清］佚名撰《調鼎集》卷一《醋·焦飯醋》：“飯後鍋底鏟起鍋粑，投入白水罈，置近火暖熱處，常用木棍攪之，七日便成醋矣。又，凡酒酸不飲者，投以鍋粑，依前法作醋。用紹興酸酒更好。”

每十斤豬腳，配鹽十二兩，極多加至十四兩。將鹽炒過，加皮硝末少許[1]，乘豬鹽兩熱，擦之令勻。置大桶內，上面用大石壓之，五日一翻。候一個月，將腿取起，晾於風處，四五個月可用。

又法

金華人做火腿[2]，每斤豬腳配炒鹽三兩（或云原方配六兩，不無太鹹），用手將鹽擦完，石壓之。三天取出，用手極力揉之，肉軟為度。翻轉再壓再揉，至肉軟如棉，取出掛之風處，約當於小雪後起至立春後，方可掛風不凍。

注

【1】皮硝：芒硝，中藥名。為硫酸

鹽類礦物芒硝族芒硝，經加工精製而成的結晶體。

【2】金華：古稱婺州，浙江省的地級市，以產火腿馳名中外。

疏

［清］趙學敏著《本草綱目拾遺》卷九"製火腿法"："李化楠《醒園錄》有醃火腿法：每十斤豬腿，配鹽十二兩，極多加至十四兩，將鹽炒過，加皮硝末少許，乘豬鹽兩熱，擦之令勻，置大桶內，用石壓之，五日一翻，候一月將腿取起，晾有風處四五個月可用。金華火腿，每斤豬腿配炒鹽三兩，用手將鹽擦完，石壓之，三日取出又用手極力揉之，翻轉再壓再揉，至肉軟如綿，掛風處，約小雪後至立春後，方可掛起不凍。"

［清］佚名撰《調鼎集》卷三《特牲部·火腿》介紹金華火腿的四種製法，《醒園錄》摘錄了第四、第三種[1]："又，每十斤豬腿，醃鹽十二兩，極多至十四兩，將鹽炒過，加皮硝少許，乘熱擦之令勻，置大桶內，石壓，五日一翻，候一月，將腿取起，晒有風處，四五個月可用。""又，金華人做火腿，每斤豬腿醃炒鹽三兩，用手取鹽擦勻，石壓三四，又出，又用手極力揉之，翻轉再壓，再揉。至肉軟如綿，掛當風處，約小雪起至立春後，

方可掛起不凍。”

按

【1】金華火腿醃製有薰晒二法，《醒園録》摘録的兩種均為晒法。薰法為，將用鹽和花椒醃過的鮮腿，“收乾後，懸灶前近煙處，或松葉煙薰之更佳。”類似四川人熖臘肉。

每豬肉十斤，配鹽一斤。肉先作條片，用手掌打四五次，然後將鹽炒熱擦上，用石塊壓緊。俟次日水出，下硝少許，一天翻，一天醃[1]，六七天撈起，夏天晾風，冬天晒日，均俟微乾收用。

又法

先將豬肉切成條片，用冷水泡浸半天或一天，撈起。每肉一層，配稀薄食鹽一層，裝入盆內，上面用重物壓之，蓋密，永勿搬動。要用，照層次取起，仍留鹽水。

若要薰吃[2]，照前法。用鹽浸過三天撈起，晒微乾，用甘蔗渣同米佈放鍋底①，將肉鋪排籠內，蓋密，安置鍋上，粗糠慢火焙之，以蔗、米煙薰入肉內，內油②滴下，味香取起掛於風處。要用時，白水微煮，甚佳。

①《叢書集成初編》本同。清嘉慶李氏萬卷樓再刻本、四川大學圖書館藏單刻本作"灶鍋底"。

②《叢書集成初編》本、四川大學圖書館藏單刻本、清嘉慶李氏萬卷樓再刻本同。疑"內油"為"肉油"之誤。

注

【1】即〔清〕佚名撰《調鼎集》卷三《特牲部·豬·醃肉》所言"一日翻醃,六七日取起"之意。每天翻一下,務令醃肉均勻浸透鹽味。

【2】薰:四川話叫"熁"(qiū)。

疏

〔清〕佚名撰《調鼎集》卷三《特牲部·豬·醃肉》介紹四種醃肉法,《醒園錄》摘錄了其中第二、第三種:"又,每豬肉十斤,配鹽一斤,肉先切條片,用手掌打四五次,後將炒鹽擦上,石塊壓緊,次日水出,下硝少許,一日翻醃,六七日取起。夏月晾風,冬月晒日,均俟微乾收用。

"又:將豬肉切成條片,用冷水泡浸半日或一日,撈起,每肉一層稀薄食鹽一層,裝盆用重物壓之,蓋密,永

不搬動。要用時，照層取起，仍留鹽水。若薰用，照前法
鹽浸三日撈起，曬微乾，用甘蔗渣同米鋪放鍋底，將肉排
籠內蓋密，安置鍋上，用礱糠火慢焙之，以蔗米煙薰肉，
肉油滴下，聞氣香即取出，掛有風處。要用時，白水微
煮，甚佳。"

二十二　醃熟肉法

凡有事，餘剩之熟雞、豬等肉，欲久留以待客，雞當破作兩半，豬肉切作條子，中間剖開數刀，用鹽於內外及剖縫處，搓得極勻，但不可太鹹。裝入盆內，用蒜頭搗爛，和好米醋泡之。以石壓其上，一日須翻一遍，二三日撈起，晾略乾，將鐵鍋抬起，用竹片搭十字架於灶內。或鐵絲編成更妙。將肉鋪排竹上，仍以鍋覆之，塞勿出煙。灶內用粗糠或濕甘蔗粕生火薰之[1]，灶門用磚堵塞，不時翻轉，總以乾香為度。取起收入罈內，口蓋緊，過火①不壞而且香。

校

①清嘉慶李氏萬卷樓再刻本、四川大學圖書館藏單刻本、《叢書集成初編》本

作“日久”。

注

【1】甘蔗粕：即甘蔗渣。粕，糟粕。

疏

［清］佚名撰《調鼎集》卷三《特牲部·豬·醃熟肉》：“凡熟雞、豬等肉，欲久留以待客，雞當破作兩半，豬肉切作條子，中間破開數刀，用鹽及內外割縫，擦作極勻，但不可太鹹，入盆用蒜頭搗爛、和好，米醋泡之，石壓，日翻一遍，二三日撈起，略晾乾，將鍋抬起，用竹片搭十字架於灶內，或鐵絲編成更妙，將肉排上，仍以鍋覆之，塞密煙灶，內用粗糠或濕甘蔗粕火薰之，灶門用磚堵塞，不時翻弄，以香為度，取起收新罈內，口蓋緊，日久不壞，而且香。”

二十三 酒燉肉法

新鮮肉一斤，刮洗淨，入水煮滾一二次，即出刀改成大方塊。先以酒同水燉有七八分熟，加醬油一盃，花椒、料葱①、薑、桂皮一小片，不可蓋鍋。俟其將熟，蓋鍋以悶之，總以煨火為主[1]。或先用油薑煮滾，下肉煮之，令皮略赤，然後用酒燉之，加醬油、椒、葱、香蕈之類。又，或將肉切成塊，先用甜醬擦過，纔下油烹之。

校

①比對［清］佚名撰《調鼎集》卷三《特牲部・豬・酒燉肉》相同的文字，可知此處的"料"字實為衍文。或"料"屬前或屬後，讀"花椒料"或"料葱"，也通。

注

【1】煨火：東漢許慎著《說文·火部》："煨，盆中火，從火，畏聲。"南朝梁陳之間顧野王著《玉篇·火部》："煨，烏回切，盆中火爐也。"遼僧行均撰《龍龕手鑑·火部》："煨，烏灰反，塘煨火也。"從蜀語考察，"煨"有二義：一是用微火慢慢地燉；二是把生的食物置火灰中逐漸燒熟。此處符合第一義。

疏

［清］佚名撰《調鼎集》卷三《特牲部·豬·酒燉肉》："新鮮肉一斤，刮洗乾淨，入水煮，滾一二次取出，改成大方塊，先以酒同水燉有七八分熟，醬油一盃，花椒、蔥、薑、桂皮一小片，不可蓋鍋。俟將熟，始加蓋悶之，以熟為止。又，或先用油、薑煮滾，下肉，令皮略赤，後用酒燉，加醬油、蔥、椒、薑、香蕈之類。又，或將肉切塊，先用甜醬擦過，纔下油烹之。"

二十四　醬肉法

豬肉，用白水煮熟，去白肉併油絲，務令淨盡，取純精的[1]，切寸方塊子，醃入好豆醬內，晒之。

注

【1】　純精：精瘦肉。

疏

　　［清］佚名撰《調鼎集》卷三《特牲部·豬·醬肉》介紹了四種醃醬肉法，第二種曰：「又，肉用白水煮熟，去肥肉並油絲，務淨盡，取純精肉切寸方塊，醃入甜豆醬，晒之。」

用南火腿煮熟[1]，切碎丁（如火腿過鹹，即當用水先泡淡些，然後煮之），去皮，單取精肉。用火將鍋燒得滾熱，將香油先下滾香，次下甜醬、白糖、甜酒，同滾煉好，然後下火腿丁及松子、核桃、瓜子等仁，速炒翻取起，磁罐收貯。

其法：每火腿一隻，用好麵醬一斤、香油一斤、白糖一斤、核桃仁四兩（去皮打碎）、花生仁（四兩，炒去膜，打碎）、松子仁四兩、瓜子仁二兩、桂皮五分、砂仁五分。

注

【1】 南火腿：產於浙江金華地區的一種火腿。此外還有北腿，產於江蘇北部如皋一帶；雲腿，產於雲南省宣威、榕峰

一带；川腿，产於四川。

疏

［清］佚名撰《调鼎集》卷三《特牲部·火腿·火腿酱》："用南腿煮熟，去皮切碎丁（如火腿过咸，用水泡淡，然後煮之），单取精肉，将锅烧热，先下香油滚香，次下洋糖、甜酱、甜酒同滚，炼好後，下火腿丁及松子、胡桃、花生、瓜子等仁，速炒取起，磁罐收贮。其法：每腿一只，用好麵酱一斤、香油一斤、洋糖一斤、胡桃仁四两（去皮打碎）、花生仁四两（炒去膜，打碎）、松子四两、瓜子仁二两、桂皮五分、砂仁五分。"

二十六　做豬油丸法

　　將豬板油切極細，加雞蛋黃、菉豆粉少許，和醬油、酒調勻，用杓取收[1]，掌心聶丸[2]，下滾水中，隨下隨撈。用香菰、冬筍，俱切小條，加葱白同清肉汁，和水煮滾，乃下油丸，煮滾取起，食之甚美。

注

　　【1】杓：同"勺"。意思是，挖一勺調好的豬油餡。

　　【2】聶（niē）：古同"捏"，用拇指和其他手指夾住，即將勺中的豬油餡傾入掌心捏成丸子。

疏

　　〔清〕佚名撰《調鼎集》卷三《特牲部·豬·豬肉圓》[1]："將豬板切極加，加雞蛋黃，豆粉少許，和醬油、酒調勻，用勺取入掌，搓圓，下滾水中，隨下隨撈。"香菇、冬筍俱切小條，加蔥白，同清肉汁和水煮滾，再下油圓，取起用之。

按

【1】從全文內容看，此條標題中"豬肉圓"應為"豬油圓"。開頭一句應為"將豬板油切極細"。

二十七 蒸豬頭法

豬頭，先用滾水泡，洗刷割極淨，纔將裏外用鹽擦遍，暫置盆中二三時久，鍋中纔放涼水，先滾極熟，後下豬頭。所擦之鹽，不可洗去。煮至三五滾撈起，以淨布揩乾內外水氣，用大蒜搗極細（如有鮮柑花更妙）擦上[1]，內外務必周遍。置蒸籠內，蒸至極爛，將骨拔去，切片，拌齊①芥末、柑花、蒜、醋，食之俱妙。

又法

豬頭買來，悉如前法洗淨，裏面生蔥連根塞滿，外面以好甜醬抹勻一指厚，用木頭架於鍋中，底下放水，離豬頭一二寸許，不可淹着。上面以大磁盆覆蓋，周圍用布塞極密，勿令稍有出氣，慢火蒸至極爛取出，去蔥切片，吃之甚美。

① 《叢書集成初編》本同。清嘉慶李氏萬卷樓再刻本、四川大學圖書館藏單刻本無"齊"字。

注

【1】 柑花：柑樹上盛開的花。柑花素雅、清純、花型小、色潔白，花蕊呈淺黃色，一般在三月份開，果農四月採此花，天然生晒乾後做泡茶飲用，香味芬芳獨特，有疏肝泄肺，順氣化痰，生津解渴之效。柑花還可以加入蛋花湯、榨菜肉絲湯中當自然香料進行烹飪，別有一番味道。蒸豬頭，將鮮柑花同大蒜一起搗爛抹上，可增添芬芳的香味。廣東新會柑花十分有名。李調元有在廣東生活的經歷，此條可能為李調元所修改。

疏

［清］佚名撰《調鼎集》卷三《特牲部·豬頭·蒸豬頭》："豬頭治淨後，再用滾水泡洗，外用鹽擦遍，暫置盆中二三時，鍋內放冷水，先滾極熟，後下豬頭，所擦之鹽不可洗去，煮三五滾撈起，以淨布揩乾內外水氣，用大蒜搗極細（如有鮮柑花更妙）擦上，內外務必周遍，置蒸籠內蒸爛，將骨拔去，切片，拌芥末、花椒、蒜、醋用。

"又，豬頭悉如前法製好，裏面用連根生蔥塞滿，外

面用好甜醬抹勻一指厚，用木棒架於鍋中，底下放水，離
豬頭一二寸，不可淹着，以大磁盆覆蓋，周圍用布塞緊，
勿令稍有出氣，慢火蒸至極爛，取出葱、切片用之。"

二十八　做肉鬆法

　　用豬後腿整個，緊火煮透[1]，切大方斜塊，加香蕈，用原湯煮至極爛，取精肉，用手扯碎。次用好甜酒、清醬、大茴末、白糖少許，同肉下鍋，慢火拌炒至乾，取起收貯。

注

　　【1】緊火：即快火、猛火、武火。民諺有"緊火粥，慢火肉"之說，緊火是相對慢火而言。

疏

　　［清］佚名《調鼎集》卷三《特牲部·豬·肉鬆》："用豬肉後腿整個[1]，武火煮透，切大方斜塊，加香蕈，用原湯煮極爛，將精肉撕碎，加甜醬、酒、大茴末、洋糖少許[2]，同肉下鍋，慢火拌炒，

至乾收貯。"

按

【1】"肉"字衍。

【2】洋糖：指從外國進口的機製糖。

二十九　假火肉法【1】

鮮肉用鹽擦透，再用紙二三層包好，入冷水灰①内，過一二日取出，煮熟食之，與火肉無二。

校

①冷水灰：疑為"熱火灰"之誤。熱火灰，即熱灰，同《調鼎集》卷三"灰醃肉"條"放熱灰内"意思合。

注

【1】火肉：［元］韓奕《易牙遺意》和［明］高濂《飲饌服食箋》稱用稻草煙薰的醃豬肉為"火肉"。

疏

［清］佚名撰《調鼎集》卷三《特牲部·豬·灰醃肉》："肉略醃，用粗紙二三層包好，放熱灰内，三日即成火肉。"

三十　煮老豬肉法

　　以水煮熟，取出，用冷水浸冷，再煮
即爛。

　　疏

　　［清］佚名《調鼎集》卷三《特牲
部·豬》："又，煮老豬，將熟取出，水浸
冷再煮，即爛。"

豬宰完，破開，切成二斤或斤半塊
子，取去骨頭，將鹽研末，以手搵末①，
擦肉皮一遍。再將所取之骨，鋪於缸底，
先下整花椒拌鹽一層，後下肉一層，其肉
皮當向下，總以一層肉，一層鹽椒，下
完，面上多蓋鹽椒，用紙封固，過十餘天
可吃。如吃時取出，仍用紙封固，勿令出
氣。其肉缸放不冷不煖之處方好。醃豬頭
亦如是，其骨棄之。

注

【1】搵（wèn）：《說文》：“沒也，
從手，昷聲。”本義按在水裏，引申為揩
拭的意思。

疏

［清］佚名撰《調鼎集》卷三《特牲

部·豬·醃肉》介紹四種醃肉法，《醒園錄》摘錄了其中第四種："又，將肉切皮二斤[1]，或斤半塊子，去骨，將鹽研末，以手搵末擦肉皮一遍，將所去之骨鋪於缸底，先下整花椒拌鹽一層，下肉一層，其皮向下，以一層肉，一層椒鹽下完，面上多蓋椒鹽，用紙封固，過十餘日可用。如用時取出，仍用紙封固，勿令出氣，其肉缸放不冷不煖之處。醃豬頭同，其骨亦須去淨。"

 按

【1】切皮：帶皮豬肉，自皮面下刀切割，故謂之切皮。

三十二 風豬小腸法

豬小腸，放磁盆內，先滴下菜油少許，用手攪勻，候一時久，下水如法洗淨，切作節段，每節量長一尺許。用半精①白豬肉[1]，剁極碎，下豆油、酒、花椒、蔥珠等料和勻[2]，候半天久，裝入腸內。只可八分，不可太滿。兩頭紮緊。鋪層籠內蒸熟[3]，風乾。要用，當再蒸熟，切薄片，吃之甚佳。

校

①清嘉慶李氏萬卷樓再刻本、四川大學圖書館藏單刻本同。《叢書集成初編》本作"半斤"，以"半精"為是。

注

【1】半精白豬肉：即半肥半瘦的豬肉。

【2】蔥珠：這是廣東潮汕地區的調

味品，即將蔥切成小段，用豬油炸成墨綠色，做出來的成品蔥味濃重，辛辣純正。李調元有在廣東生活的經歷，此條可能為李調元所修改。

【3】層籠：分層的蒸籠。

疏

［清］佚名撰《調鼎集》卷三《特牲部·豬腸·風小腸》："取豬小腸放磁盆內，滴菜油少許攪勻，候一時，下水洗淨，切長段一尺許，用半精肉切極細碎，下菜［豆］油、酒、花椒、蔥末等料和勻，候半日，製腸八分滿，兩頭繫緊，鋪籠蒸熟，風乾，要用再蒸，切薄片甚佳。"

三十三　白煮肉法

凡要煮肉，先將皮上用利刀橫立刮洗三四次，然後下鍋煮之。隨時翻轉，不可蓋鍋，以聞得肉香為度。香氣出時，即抽取灶內火，蓋鍋悶一刻撈起，片吃有味。（又云：白煮肉，當先備冷水一盆置鍋邊，煮拔[1]三次，分外鮮美。）

注

【1】煮拔：《說文》："拔：擢也，從手，犮聲。""擢：引也，從手，翟聲。"《漢書·陳勝項籍傳贊》："乘勢拔起隴畝之中。"顏師古注引鄧展曰："疾起也。"煮拔三次，即煮肉的過程中，將肉撈起來，快速浸入冷水中，又快速提起，再放入鍋中煮，這樣反復三次，聞得肉香，火候便恰到好處。

疏

　[清]佚名撰《調鼎集》卷三《特性部·豬·白片肉》:“又,凡煮肉,先將皮上用利刀橫立割洗三四次[1],然後下鍋煮之,不時翻轉,不可蓋鍋。當先備冷水一盆置鍋邊,煮拔三次,聞得肉香,即抽去火,蓋鍋悶一刻,撈起分用,分外鮮美。”

按

　【1】割洗:切割清洗。

三十四　風雞鵝鴨法

醃薰之法，與前醃薰豬肉同。但肉厚處，當剖開加米醋少許。又，或起先竟不用鹽醃完，完時①，剖開肉厚處，用豆油、麵醬、酒、醋、花椒之類，和汁刷之，薰乾，不時取出再刷，更佳。

校

①清嘉慶李氏萬卷樓再刻本、四川大學圖書館藏單刻本、《叢書集成初編》本作"或起先竟不用鹽醃，宰完時剖開肉厚處"。

疏

［清］佚名撰《調鼎集》卷四《羽族部·雞·薰雞》："醃薰之法與前醃薰豬肉同，但肉厚處當剖開，加米醋少許，或起先竟不用鹽醃，宰完割開厚肉處，用菜

油[1]、麵醬、油[2]、醋、花椒之類，和汁刷之，用柏枝薰乾，不時取出再刷，煮用。鵝鴨同。又，煮熟再用柏枝薰，雞雜從肋下取出，吹脹入桶薰，名'桶雞'。"

按

【1】 菜油：疑為"豆油"之誤。

【2】 油：疑為"酒"之誤。

每鴨一隻，配鹽三兩，牙硝一錢[1]。將鴨如法宰完，去腹內，用牙硝研末，先擦腹及各處之有刀傷者，然後將鹽炒熱，遍擦就好。俟水滾透，放下雞鴨一滾，不可太久，撈起即下冷水，拔之，取起，下鍋再滾再拔。如是三五次，試熟即可吃。不可煮頓致油走化[2]，大減成色。

注

【1】牙硝：全稱叫馬牙硝。因芒硝是含硫酸鈉天然礦物經精製而成的結晶體，而結晶體的形狀不同，叫法也不同。牙硝其形狀為棱柱形或長方形，尤似馬牙，故叫馬牙硝，簡稱牙硝。明李時珍著《本草綱目》卷一一"樸消"條："此物見水即消，又能消化諸物，故謂之消。生於

鹽鹵之地，狀似末鹽，凡牛馬諸皮須此治熟，故今俗有鹽消、皮消之稱。煎煉入盆，凝結在下，粗樸者為樸消，在上有芒者為芒消，有牙者為馬牙消。"因為是礦物質，今易"消"為"硝"。

【2】頓：此是民間工匠寫的同音字，現寫作"燉"。

【3】致油走化：致使走油太多。

疏

［清］佚名撰《調鼎集》卷四《羽族部·鴨·風板鴨》："每鴨一隻，配鹽三兩，牙硝研末一錢，先擦腹，壓之隔宿，每一日取起掛有風處，一月可用。按鴨有大小，配鹽當以每斤加一左右，極多加至一五，不加過多。"

按

以《調鼎集》卷四《風板鴨》條對校《醒園錄·風板鴨法》條，《醒園錄》這一條則多出一段文不對題的文字："俟水滾透，放下雞鴨一滾，不可太久。撈起，即下冷水，拔之取起，下鍋再滾再拔。如是三五次，試熟，即可取吃。不可煮頓致油走化，大減成色。"而缺少《調鼎集·風板鴨》條有的文字："壓之隔宿，每一日取起掛有風處，一月可用。按鴨有大小，配鹽當以每斤加一左右，極多加至一五，不加過多。"顯然此處抄本文字混淆竄亂，後文將分別將考出。

先將肥雞如法宰洗，砍作四大塊。用豬油下鍋煉滾，下雞烹之。少停一會，取起去油，用好甜醬、花椒料，逐塊抹上，下鍋加甜酒，悶數滾熟爛[1]，加葱花、香蕈，取起，吃之甚美。

注

【1】悶：音 mèn，作煩憂、憤懣解；音 mēn，作沉默、不通氣解。"悶雞鴨"，一般寫作"燜"，意為用文火燉熟。《玉篇》有"燜"，莫賄切，作"爛"解。《集韻》云：熟為之燜。音義相近。

疏

[清]佚名撰《調鼎集》卷四《羽族部·雞·悶雞》："先將肥雞如法宰完，切四大塊，用脂油下鍋煉滾，下雞烹之，少

停，取起去油，用好甜醬、椒料逐塊抹上，下鍋加甜酒悶

爛，再入蔥花、香蕈取起用之。"

三十七　新鮮鹽白菜炒雞法

炰嫩①雌雞，如法宰了，切成塊子，先用葷油[1]、椒料炒過，後加白水煨火燉之[2]。臨吃，下新鮮鹽白菜，加酒少許。不可蓋鍋，蓋則黃色不鮮。

校

①清嘉慶李氏萬卷樓再刻本、四川大學圖書館藏單刻本、《叢書集成初編》本作"肥嫩"。

注

【1】葷油：指食用的豬油。

【2】煨火燉之：用文火慢慢地燉熟。

疏

［清］佚名撰《調鼎集》卷四《羽族部·雞·醃菜炒雞》："配嫩子母雞治淨，

切成塊，先用葷油、椒料炒過，後加白水煨，臨用，下新鮮醃菜、酒少許，不可蓋鍋，蓋則色黃不鮮。"

三十八　食牛肉乾法

生肉切成大片，約厚一寸，將鹽攤放平處，取牛肉塊順手平平丟下，隨手取起，翻過再丟，兩面均已粘鹽。丟下時，不可用手按壓。拿起輕輕抖去浮鹽，亦不可用手抹擦。逐層安放盆內，用石壓之。隔宿，將滷洗肉，取出鋪排稻草上晒之，不時翻轉，至晚收放平板上，用木棍趕滾[1]，使肉堅實光亮。隨逐層堆板上，用重壓蓋①，次早取起再晒，至晚再滾再壓，內外用石壓之，隔宿或一兩天，取起，掛在風處，一月可吃②。

雞③鴨有大小，配鹽當以每斤加一左右，極多至加一五，切不可過多④。

校

① 《叢書集成初編》本同。清嘉慶李

氏萬卷樓再刻本、四川大學圖書館藏單刻本作"用重石壓蓋"。

②"內外用石壓之……一月可吃"一句應是《醒園錄·風板鴨法》缺失的文字。

③《叢書集成初編》本同。清嘉慶李氏萬卷樓再刻本、四川大學圖書館藏單刻本作"鴨有大小"。

④"鴨有大小……切不可過多"一句應是《醒園錄·風板鴨法》缺失的文字。

至此《醒園錄·風板鴨法》恢復的原文應為:"每鴨一隻,配鹽三兩,牙硝一錢。將鴨如法宰完,去腹內,用牙硝研末,先擦腹及各處有刀傷者,然後將鹽炒熱,遍擦就好。內外用石壓之,隔宿或一兩天取起,掛在風處,一月可吃。鴨有大小,配鹽當以每斤加一左右,極多至加一五,切不可過多。"

注

【1】趲:當為"擀"之別字。

疏

[清]佚名撰《調鼎集》卷三《特牲部·牛·牛肉脯》:"取肉切大塊,約厚一寸,將鹽攤放平處,取牛肉片順手平平丟下,隨手取起,翻過再丟,兩面均令粘鹽。丟

下時不可用手按壓，拿起輕輕抖去浮鹽，亦不可用手抹擦，逐層安放盆內，石壓隔宿，將滷洗肉取出，排稻草晒之，不時翻轉，至晚將收放平板，用木棍趕滾，使肉堅實光亮，逐層堆板上，重石壓蓋，次早取起，再晒至晚，再滾再壓。第三日取出，晾三日裝罈，如裝久潮濕，取出再晾，此做牛肉脯之法也。要用時，取肉脯切二寸方塊，用雞湯或肉湯淹二寸許，加大蒜瓣十數枚，不打破同煮，湯乾取起，每塊切作兩塊，須橫切、再拆作粗條，約指頭大，再用甜醬、酒和好，菜油以牛脯多寡配七八分，再煮至乾用之，極美。鹿脯同。"

按

以此對校《醒園錄·食牛肉乾法》，顯然有脫漏，而所漏文字又混入《醒園錄·關東煮雞鴨法》。還原後的《醒園錄·食牛肉乾法》條文字應為："生肉切成大片，約厚一寸，將鹽攤放平處，取牛肉塊順手平平丟下，隨手取起，翻過再丟，兩面均已粘鹽。丟下時，不可用手按壓。拿起輕輕抖去浮鹽，亦不可用手抹擦。逐層安放盆內，用石壓之。隔宿，將滷洗肉，取出鋪排稻草上晒之，不時翻轉，至晚收放平板上，用木棍趕滾，使肉堅實光亮。隨逐層堆板上，用重石壓蓋，次早取起，再晒至晚，再滾再壓，第三日早取出晾半天，裝入罈內。如裝久潮濕，取出再晾，此做牛肉乾之法也。要吃時，取肉乾切成二寸方塊，用雞湯或肉湯淹牛脯有二寸許，加大蒜瓣十數枚，不打破，同煮至湯乾取起。每塊切作兩塊（須橫切為妙），再拆作粗條約指頭大，再用甜酒和好豆油，以牛脯多寡，配七八分再煮至乾，食之極美。"

　　將雞宰洗乾淨，腳灣處用刀鋸一下，令筋略斷，將腳順轉插入屁股內。烘熱，用甜醬擦遍，下滾油翻轉烹之，俟皮赤紅取起。下鍋內，用水，慢火①先煮至湯乾雞熟，乃下甜酒、青醬[1]、椒角[2]（整粒用之），再燉至極爛，加椒末，葱珠，用碗盛之，好吃。或將雞砍作四大塊及小塊皆可，然總不及整個之味全。

校

　　①清嘉慶李氏萬卷樓再刻本、四川大學圖書館藏單刻本同。《叢書集成初編》本作"慢火"。"漫""慢"均為"慢"之別字，"慢火"即文火、微火。

注

　　【1】青醬：即"清醬"。

【2】 椒角：應是花椒、八角合稱。

疏

〔清〕佚名撰《調鼎集》卷四《羽族部·雞·紅燉雞》："將雞宰完洗淨，腳灣處割一刀，令筋略斷，將腳順轉插入肚內，烘熱甜醬擦遍，下滾油中翻轉烹之，俟皮色紅取起，鍋內放水，用慢火煮至湯乾雞熟，乃下甜清醬、椒角（整顆用之），再燉極爛，加椒末、蔥珠。或將雞切作四塊及小塊皆可。"

四十 假燒雞鴨法

將雞鴨宰完洗淨，砍①作四大塊，擦甜醬，下滾油烹過，取起，下砂鍋內，用好酒、清醬、花椒、角茴同煮至將熟[1]，傾入鐵鍋內，慢火燒乾至焦，當隨時翻轉，勿使粘鍋。

校

① 《叢書集成初編》本同。清嘉慶李氏萬卷樓再刻本、四川大學圖書館藏單刻本作"吹"，係"砍"字之誤。

注

【1】角茴：應是八角、茴香的合稱。

疏

［清］佚名撰《調鼎集》卷四《羽族部·雞·假燒雞》："將雞治淨，切四大塊，擦甜醬，下滾油中烹過取起，入砂鍋

内，用好酒、清醬、花椒、角茴同煮，將熟，傾入鐵鍋，
慢火燒乾至焦，當即翻轉，勿使粘鍋。燒鴨同。"

用頂肥雞鴨，不下水，乾退毛後，挖一孔，取出腹內碎件[1]，裝入好梅乾菜令滿[2]。用豬油下鍋煉滾，下雞鴨烹之，至紅色香熟取起，剝去焦皮，取肉片吃，甚美。

注

【1】碎件：腸雜。

【2】梅乾菜：應為霉乾菜。又名烏乾菜，是浙江紹興一種價廉物美的傳統名菜，也是紹興的著名特產。生產歷史悠久，主產於浙江紹興、台州、慈溪、余姚等地，是以雪裏蕻、九頭芥為原料做成的一種醃菜。廣東梅州稱"梅乾菜"。

疏

〔清〕佚名撰《調鼎集》卷四《羽族

部・雞・頃刻熟雞》："用頂肥雞，不下水，乾拔毛，挖孔取出腸雜，將好乾菜裝滿，用脂油鍋煉滾，下雞熟烹之，至色紅氣香取起，剝去焦皮，取肉片用。製鴨同。"

先用一盆冷水，放在鍋邊，纔用水下鍋，不可太多，只淹得①雞鴨。第三日早取出，晾半天，裝入罈內。如裝久潮濕，取出再晾，此做牛肉乾之法也。要吃時，取肉乾切成二寸方塊，用雞湯或肉湯淹牛脯有二寸許，加大蒜瓣十數枚，不打破，同煮至湯乾取起。每塊切作兩塊（須橫切為妙），再折作粗條，約指頭大，再用甜酒和好豆油，以牛脯多寡，配七八分再煮至乾，食之極美。

校

①川大手抄本作"過"。

疏

〔清〕佚名撰《調鼎集》卷四《羽族部·雞·關東煮雞》："先用冷水一盤放鍋

邊[1]，另用水下鍋，不可太多，約醃過雞身就好[2]，俟水滾透，下雞一滾，不可太久，撈起即入冷水拔之，再滾再拔，如此三五次，試熟，即可取用。久燉走油，大減色味。煮鴨同。又，去骨切小塊油炸，亦名'關東雞'。"

　　上面已經談到《醒園錄·關東煮雞鴨法》和《醒園錄·食牛肉乾法》混淆，《醒園錄·關東煮雞鴨法》條，只有一句："先用一盆冷水放在鍋邊，纔用水下鍋，不可太多，只淹得雞鴨。"而缺《調鼎集》卷四《羽族部·雞·關東煮雞》中這一大段："俟水滾透，下雞一滾，不可太久，撈起即入冷水拔之，再滾再拔，如此三五次，試熟，即可用。久燉走油，大減色味。煮鴨同。又，去骨切小塊油炸，亦名'關東雞'。"而這漏掉的大段，又混入了《醒園錄·風板鴨法》中，即"俟水滾透，放下雞鴨一滾，不可太久。撈起，即下冷水拔之取起，下鍋再滾再拔。如是三五次，試熟，即可取吃。不可煮頓致油走化，大減成色。"還原後的《醒園錄·關東煮雞鴨法》的全文應為："先用一盆冷水放在鍋邊，纔用水下鍋，不可太多，只淹得雞鴨。俟水滾透，放下雞鴨一滾，不可太久。撈起，即下冷水拔之取起，下鍋再滾再拔。如是三五次，試熟，即可取吃。不可煮頓致油走化，大減成色。"

按

【1】一盤：疑為"一盆"之誤。

【2】醃：當為"淹"之誤。

四十三　食鹿尾法

此物當乘新鮮，不可久放，致油乾肉硬，則味不全矣。法：先用涼水洗淨，新布裹密，用線紮緊，下滾湯煮一袋煙時取起，退毛令淨，放磁盤內，和醬及清醬、醋、酒、薑、蒜，蒸至熟爛，切片吃之。

又云：先用豆腐皮或鹽酸菜包裹，外用小繩子或錢串紮得極緊[1]，下水煮一二滾，取起去毛淨，安放磁盤內，蒸熟，片吃。

注

【1】錢串：穿銅錢的繩子。

疏

［清］佚名撰《調鼎集》卷三《雜牲部·鹿·蒸鹿肉》："此物當乘新鮮，不可久放，致油乾肉硬，味色不全。法：先涼

水洗淨，新布包蜜[1]，用線紮緊，下滾湯煮一時取起，退毛冷淨[2]，放磁盆內，和醬及清醬、醋、酒、薑、蒜蒸爛，切片用之。

“又，先用腐皮或鹽酸菜包裹，外用小繩紮得極緊，煮一二滾取起，去毛，要放磁盤蒸熟，切片。

“又，取尾[3]，火箸燒紅[4]，烙淨毛花根，水洗，入大鏇[5]，四圍用豆腐包鑲蒸熟（去豆腐），切片蘸鹽。盛京食血茸製法同[6]，味更美。”

按

【1】蜜：“密”字之誤。

【2】冷：“令”字之誤。

【3】取尾：即“取鹿尾”之省。

【4】火箸：火筷子，指撥動炭火的鐵筷子。

【5】大鏇：鏇，温器。大鏇，大的温器。

【6】盛京：清朝（後金）在1625至1644年的首都，1644至1912年的陪都。即今遼寧省瀋陽市。

四十四　食熊掌法

先用温水泡軟，取起，再用滾水盪[1]退去毛令淨。放磁盤内，和酒醋，蒸熟去骨，將肉切片，裝磁盤内，下好肉湯及清醬、酒、醋、薑、蒜，再蒸至極爛，好吃。

注

【1】盪：同"蕩"，擺動。

疏

［清］佚名撰《調鼎集》卷三《雜牲部·熊掌·煨熊掌》介紹了三種煨熊掌法，其第三種："又，將泔水浸過熊掌，用温水再泡，放磁盤内和酒醋蒸熟，去骨切片，再放磁盆内，下好肉湯及清醬、酒、醋、薑、蒜，蒸至極爛用。"

炒野雞、麻雀及一切山禽等類，皆當用茶油為主（無茶油則用芝麻油[1]），切不可用豬油。先將茶油同飯粒數①，慢火滾數滾，撈去飯顆，下生薑絲炙赤，將鳥肉配甜醬瓜，薑切細絲，下去同炒數遍取起，用甜酒、豆油和下再炒至熟，好吃。若麻雀取起時，當少停一會，纔下去再炒。

校

①清嘉慶李氏萬卷樓再刻本、四川大學圖書館藏單刻本、《叢書集成初編》本作“數顆”。

注

【1】茶油：油茶籽油俗稱，又名山茶油、山茶籽油，是從山茶科山茶屬植物

的普通油茶成熟種子中提取的純天然高級食用植物油，色澤金黃或淺黃，品質純淨，澄清透明，氣味清香，味道純正。油茶俗稱山茶、野茶、白花茶，是中國特有的一種優質食用油料植物。油茶與茶葉為同屬不同種，它們所結的種子榨出的植物油是完全不同的，前者稱為油茶籽油，後者稱為茶葉籽油。清趙學敏著《本草綱目拾遺》稱茶油有"潤腸清胃，殺蟲解毒"之效。清王士雄撰《隨息居飲食譜》"茶油"條曰："烹調肴饌，日用所宜。蒸熟用之，澤發生光。諸油惟此最為輕清，故諸病不忌。"

疏

［清］佚名撰《調鼎集》卷四《羽族部·鵪鶉·製鵪鶉法》：洗淨一百隻，用椒鹽三兩，酒三碗，水三碗，葱六根，入瓶封口，隔水煮一日，晒乾，另貯瓶用。竹雞、鴿子、黃雀、鵪鶉俱用五香炒。凡炒野雞、麻雀及一切山禽，皆用茶油為主，如無茶油，則用芝麻油，切不可用脂油。先將油同熟飯數顆，慢火略滾，撈去飯粒，下薑絲炙赤，將禽肉配甜醬瓜、薑絲同炒數遍，取起，用甜酒、菜油和勻，再炒至熟。若麻雀，取起時少停一刻，下去再炒。

用滾水一碗，投炭灰少許，候清，將清水傾起，入燕窩泡之，即霉黃亦白，撕碎洗淨。次將煮熟之肉，取半精白切絲，加雞肉絲更妙。入碗內裝滿，用滾肉湯淋之，傾出再淋兩三次。其燕窩另放一碗，亦先淋兩三遍，俟肉絲淋完，乃將燕窩逐條鋪排上面，用淨肉湯去油留清，加甜酒、豆油各少許，滾滾淋下，撒以椒麵吃之。

又有一法：用熟肉剁作極細丸料，加菉豆粉及豆油、花椒、酒、雞蛋清作丸子，長如燕窩。將燕窩泡洗撕碎，粘貼肉丸外包密，付滾湯盪之，隨手撈起，候一齊做完盪好，用清肉湯作汁，加豆油、甜酒各少許，下鍋先滾一二滾，將丸下去，再一滾即取下碗，撒以椒麵、葱花、香菰，吃之甚美。或將燕窩包在肉丸內，作丸子，亦先盪熟。餘全。

魚翅整個用水泡軟[1]，下鍋煮至手可撕開就好，不可太爛。取起，冷水泡之，撕去骨頭及沙皮，取有條縷整瓣者，不可撕破，鋪排扁內[2]，晒乾，收貯磁器內。臨用酌量碗數取出，用清水泡半日，先煮一二滾，洗淨配煮熟肉絲，或雞肉絲更妙。香菰同油、蒜下鍋，連炒數遍，水少許，煮至發香，乃用肉湯，纔淹肉就好，加醋再煮數滾，粉水少許下去[3]，並葱白再煮滾下碗[4]。其翅頭之肉及嫩皮，加醋、肉湯，煮作菜吃之。

注

【1】魚翅：鯊魚翅的簡稱。魚翅又稱鮫魚翅、鮫鯊翅、沙魚翅、金絲菜等，具體指鯊魚鰭中細絲狀軟骨，由鯊魚的

胸、腹、尾等處的鰭翅乾製而成。明李時珍《本草綱目・
鮫魚》曰：“古曰鮫，今曰沙，是一類而有數種也，東南
近海諸郡皆有之。形並似魚，青目赤頰，背上有鬣，腹下
有翅，味並肥美，南人珍之。”魚翅是中國傳統的名貴食
品之一，是山珍海味的一種。

【2】扁：即“籩”。此處指竹編容器，如籭、篩
之類。

【3】粉水：豆粉和之以水的芡汁。

【4】蔥白：蔥近根部的鱗莖。

四十八　煮鮑魚法

先用藥剪切薄片子[1]，水泡洗，煮熟撈起。配新鮮肉，精的打橫切薄片子，下鍋先炒出水，煮至水乾。看肉若未熟，當再下點水煮乾熟，纔將鮑魚下去，加蒜瓣，切薄片子，半茶甌肉湯和粉同炒（湯粉不可太多，亦不可太少，總以硬軟得宜為要[2]），至粉蒜熟取起。此項不下鹽醬，以鮑魚質本鹹故也。

【1】藥剪：剪藥片的剪刀。

【2】茶甌：茶碗。

四十九 煮鹿筋法

筋買來，盡行用水泡軟，下鍋煮之，至半熟後撈起，用刀刮去皮，骨取淨，晒乾收貯。臨用取出，水泡軟，清水下鍋煮至熟（但不可爛耳）取起，每條用刀切作三節或四節。用新鮮肉，帶皮切作兩指大片子，仝水先下鍋內，慢火煮至半熟，下鹿筋再煮一二滾，和酒、醋、鹽、花椒、八角之類，至筋極爛，肉極熟，加蔥白節[1]，裝下碗。其醋不可太多，令吃者不見醋味為主。

五十　炒鱔魚法

先將魚付滾水，抄盪捲圈取起，洗去白膜，剔取肉條，撕碎，用蔴油下鍋，併薑、蒜炒撥數十下，加粉、滷、酒和勻，取起。

疏

［清］佚名撰《調鼎集》卷五《江鮮部·鱔魚·膾鱔魚》：取活魚入缽，罩以藍布襯，滾水燙後洗盡白膜，竹刀勒開，去血，每條切二寸長，晾篩內，其湯澄去渣，肉用香油炒脆，再入脂油復炒，加醬油、酒、豆粉或燕菜膾。軟鱔魚取香油煮或炒，用豆粉，下鍋即起。下燙鱔，湯澄清，加作料，脂油滾，味頗鮮。

五十一　頓腳魚法

先將腳魚宰死[1]，下涼水泡一會，纔下滾水盪洗，刮去黑皮，開甲，去腹腸肚穢物，砍作四大塊，用肉湯併生精肉、薑、蒜同頓[2]，至魚熟爛，將肉取起，只留腳魚，再下椒末。其蒜當多下，薑次之。臨吃時，均去之。

注

【1】腳魚：即"甲魚"，四川人叫團魚。

【2】頓：即"燉"，和湯煮爛。

疏

[清]佚名撰《調鼎集》卷五《江鮮部·甲魚·蘇煨甲魚》："將甲魚治淨，下涼水泡，再下滾水燙洗，切四塊，用肉湯併生精肉、薑、蒜同燉熟爛，將肉取起，

只留甲魚，再下椒末，其蒜當多，下薑次之，臨用均檢去。"

又法

大腳魚一個，配大雌雞一個①，各如法宰洗。用大磁盆，底鋪大葱一重，併蒜頭、大料[1]、花椒、薑。將魚、雞安下，上蓋以大葱，用甜酒、清醬和下淹密[2]，隔湯頓二炷香久[3]，熟爛香美。

校

① 《叢書集成初編》本同。清嘉慶李氏萬卷樓再刻本作"配大筍雞一個"。四川大學圖書館藏單刻本亦作"配大筍雞一個"。筍雞，指做食物用的小而嫩的雞。

注

【1】大料：即八角，又稱茴香、八角茴香和大茴香，是八角茴香科八角屬的一種植物。其同名的乾燥果實是中國菜和東南亞地區的調味料之一。

【2】淹密：即"淹滅"之別字，"淹沒"之意。

【3】二炷香：燒香是舊俗禮拜佛的一種儀式。焚一炷香時長大約三十分鐘，二炷香的時間大約六十分鐘。

疏

〔清〕佚名撰《調鼎集》卷五《江鮮部·甲魚·雞燉甲魚》："大甲魚一個，取大嫩肥雞一隻，各如法宰洗，用大磁盆鋪大葱一層，併蒜、大料、花椒、薑，將魚、雞放下，蓋以葱，用甜酒、清醬醃蜜，隔湯燉二炷香，熟爛香美。"

用好甜酒與清醬配合①，酒七分，清醬三分，先入罈內，次取活蟹（已死者不可用），用小刀於背甲當中處，扎一下，隨用鹽少許填入。乘其未死，即投入罈中。蟹下完後，將罈口封固，三五日可吃矣。

㊣

①《叢書集成初編》本同。清嘉慶李氏萬卷樓再刻本、四川大學圖書館藏單刻本作"對配，合酒七分、清醬三分"。

疏

〔清〕佚名撰《調鼎集》卷五《江鮮部·蟹·醉蟹》介紹了七種醉蟹製法，其種第三種："又，甜酒與清醬配合，酒七分，清醬三分，先入罈，次取活蟹，將臍

揭起，用竹箸於臍蠹一孔[1]，填鹽少許，入罈封固，三
五日可用。"

按

【1】蠹：即"戳"之別字。

五十三 醉魚法

用新鮮鯉魚，破開，去肚内雜碎，醃二日，翻過再醃二日，即於滷内洗淨，再以清水淨，晾乾水氣，入燒酒内洗過，裝入罈内。每層魚各放些花椒，用黃酒灌下，淹魚寸許，再入燒酒半寸許，上面以花椒蓋之，泥封口。總以魚只裝得七分，黃酒淹得二分，燒酒一分①，可成十分滿足。吃時取底下的，放豬板油細丁，加椒、葱，刀切極細如泥，全頓極爛，食之，真佳品也。

如遇夏天，將魚晒乾，亦可如法醉之。

①清嘉慶李氏萬卷樓再刻本、四川大學圖書館藏單刻本、《叢書集成初編》本作"加燒酒一分"。

［清］佚名撰《調鼎集》卷五《江鮮部‧鯉魚‧醉魚》：“新鮮鯉魚破開治淨，醃二日，翻過再醃二日，即於滷內洗，再用清水淨，晒乾水氣，入燒酒拖過裝罈，每層各放花椒，用黃油[1]灌下，淹魚寸許，更入燒酒半寸許，上以花椒蓋之，泥封，總以魚裝七分，黃酒淹三分[2]，燒酒一分，十分滿足為妙。用時，先取底下者，放脂油細丁，加椒、葱切細如泥，同燉極爛，用之真佳品也。如遇夏日，將魚晒乾，如法醉之。醉魚蟹滷燒豆腐，魚肉可拌切麵，入蝦醬。”

【1】黃油：疑為“黃酒”。

【2】淹三分：疑為“淹二分”。

五十四 糟魚法

　　將魚破開，不下水，用鹽醃之。每魚一斤，約用鹽二三兩，醃二日，即於滷內洗淨，再以清水擺淨，去鱗翅及頭尾[1]，於日中晒之。候魚半乾（不可太乾），砍作四塊或八塊（肉厚處再剖開），取做就之糟（即前法所云擠酒之糟，加鹽少許，裝入罈內，候發香糟物者，是也。）聽用。每魚一層，蓋糟一層，上加整花椒，逐層用糟及椒，安放罈內。如糟汁少，微覺乾，便取好甜酒酌量傾入，用泥封罈口，四十天后可吃。臨吃時，取魚帶糟，用豬板油細丁拌入，碗盛蒸之。

　　糟豬雞等肉，同法。但魚用生的入糟，豬雞等肉須煮熟乃可。

注

【1】翅：應為“鰭”。

疏

［清］佚名撰《調鼎集》卷五《江鮮部・鯉魚・糟鯉魚》：“將魚破開，不下水，鹽醃。每魚肉一斤，約用鹽二三兩，醃二日，即於滷中洗，再用清水凈，去鱗翅及頭尾，曬魚半乾（不可太乾），切作四塊或八塊（肉厚處再剖開），取做就陳糟，每魚一層，蓋糟一層，上加整粒花椒，安放罈內。如糟汁少，微覺乾，取好甜酒酌量放入，泥封四十日可用。臨用，取魚帶糟用脂油丁拌入碗蒸之。糟雞等肉同，但魚用生者入糟，豬、雞等肉須煮熟。”

五十五　頃刻糟魚法

　　將醃魚洗淡，以糖霜入火酒内[1]，澆浸片刻，即如糟透。鮮魚亦可用此法。

　　【1】糖霜：在我國古代，糖霜是指由甘蔗熬製的糖與冰糖。見宋洪邁《糖霜譜》（楊慎編《全蜀藝文志》卷五六）。火酒：即燒酒。

　　［清］佚名撰《調鼎集》卷五《江鮮部·鯉魚·頃刻糟魚》："將一切醃魚，泔水浸淡[1]，略乾，以洋糖入燒酒泡片刻[2]，即如糟透。鮮魚亦用此法。"

按

　　【1】泔水：又稱潲水。

　　【2】洋糖：近代稱國外進口的機製糖為洋糖。

五十六 做魚鬆法

用粗絲魚[1]，如法去鱗肚，洗淨。蒸略熟，取出，去骨淨盡，下好肉湯，煮數滾，取起，和甜酒、微醋、清醬，加八角末、薑汁、白糖、蔴油少許和勻，下鍋拌炒至乾，取起，磁罐收貯。

注

【1】粗絲魚：肉粗、肌纖維長的魚。魚鬆是魚類肌肉製成的金黃色絨毛狀調味製品。現代生產中主要以帶魚、鯡魚、鮐魚、黃魚、鯊魚、馬面鲀等海魚為原料。清代乾隆年間製魚鬆主要以青魚、鯇魚（鯇又作鮌，音 huàn，即草魚）等淡水魚為原料手工製成。清袁枚《隨園食單·水族有鱗單·魚鬆》曰："用青魚、鯇魚蒸熟，將肉拆下，放油鍋中灼之，黃色，加

鹽花、葱、椒、瓜、薑。冬日封瓶中，可以一月。"《隨園食單》刊刻於清乾隆五十七年（1792），距離李化楠逝世已二十四年，李化楠應該沒有看過袁枚《隨園食單》，故《醒園錄》不見引用。到了晚清時期，就開始用肉質細嫩的魚來做魚鬆。四川華陽曾懿的《中饋錄》第四節《製魚鬆法》云："大鰍魚最佳，大青魚次之。將魚去鱗，除雜碎，洗淨，用大盤放蒸籠內蒸熟。去頭、尾、皮、骨、細刺，取淨肉。先用小磨麻油煉熟，投以魚肉炒之；再加鹽及紹酒焙乾後，加極細甜醬瓜絲、甜醬薑絲。和勻後，再分為數鍋，文火揉炒成絲。火大則枯焦，成細末矣。"做法由煮炒到蒸炒、文火揉炒，佐料由薑汁醬醋到薑絲醬瓜絲，工序曉暢，逐步體現出四川的烹飪特色。

疏

〔清〕佚名撰《調鼎集》卷五《江鮮部・鯶魚・魚鬆》："用鯶魚治淨，蒸熟去骨，下肉湯煮，取起，入酒、微醋、清醬、八角末、薑汁、洋糖、麻油少許和勻，下鍋炒乾取起，磁罐收貯。"

五十七　酥魚法

不拘何魚，即鯽魚亦可。凡魚，不去鱗不破肚，洗淨。先用大葱厚鋪鍋底，下一重魚，鋪一重葱，魚下完，加清醬少許，用好香油作汁，淹魚一指，鍋蓋密。用高糧桿火煮之[1]，至鍋裏不響為度，取起。吃之甚美，且可久藏不壞。

注

【1】高糧桿：即高粱稈。

疏

［清］佚名《調鼎集》卷五《江鮮部·鯽魚·千里酥魚》："又，不拘何魚，洗淨，先入大葱，漫鋪鍋底一層，魚鋪一層，鋪完入清醬少許，香油作汁，淹魚一指深，蓋緊，用高糧杆燒，以鍋裏不響為度，取起用之，且可久藏。"

五十八　蝦羹法

　　將鮮蝦，剝去頭、尾、足、殼，取肉切成薄片，加雞蛋、菉豆粉、香圓絲[1]、香菇絲、瓜子仁和豆油、酒調勻。乃將蝦之頭、尾、足、殼，用寬水煮數滾，去渣澄清。再用諸油①同微蒜炙滾，去蒜，將清湯傾和油內煮滾，乃下和勻之蝦肉等料，再煮滾取起，不可太熟。

校

　　①《叢書集成初編》本同。清嘉慶李氏萬卷樓再刻本、四川大學圖書館藏單刻本作“豬油”。

注

　　【1】香圓絲：即“香橼絲”。

疏

　　［清］佚名撰《調鼎集》卷五《江鮮

部·蝦·蝦羹》：“鮮蝦取肉，切成薄片，加雞蛋、豆粉、香櫞絲、香菇絲、瓜子仁和菜油、酒調勻，將蝦之頭尾足殼用寬水煮數滾，去渣澄清，再入脂油用蒜滾[1]，去蒜，清湯傾和油內煮滾，將下和勻之蝦仁等再煮滾，取起，不可太熟。”

 按

【1】脂油：用豬板油熬成的優質豬油。

五十九　魚肉耐久法

夏月魚肉，安香油[1]，久久不壞。

 注

【1】安：疑為"淹"之別字。

六十 夏天熟物不臭法

大甕一個[1]，擇其口寬大者，中間以梗灰乾鋪於底[2]，將碗盛物放在上面。甕口將小布棉褥蓋之，再以方磚壓之，勿令透風走氣。經宿雖盛暑不臭[3]。明日將要取用，先燒熱鍋，即傾入重熱，若少停，便變味。

注

【1】甕：又作"瓮"。陶製盛器。

【2】梗灰：成塊的生石灰。乾鋪：生石灰不發水，直接鋪放於甕底。如生石灰淋水則成熟石灰，便起不到乾燥劑的作用。

【3】經宿：經過一夜的時間。盛暑：猶盛夏。酷暑，大熱天。

《醒園録》 卷 下

六十一　醃鹽蛋法

用蘆草灰，木炭灰或稻草灰亦可。二灰用六成、七成，黄土用四成、三成[1]，有粘性可粘住就好。灰土拌成一塊。每三升土灰配鹽一升，酒和泥塑蛋[2]。將大頭向上，小頭向下，密排罈内。十多天或半月可吃。合泥切不可用水，一用水即蛋白堅實，難吃矣。

注

【1】黄土：即黏土，四川叫黄泥巴。

【2】塑蛋：以蛋（一般用鴨蛋）為胎將酒泥均匀地裹在蛋殼表面，塑造成泥蛋的形狀。

疏

［清］佚名撰《調鼎集》卷四《羽族部·鴨蛋·醃鹹蛋》：《調鼎集》介紹了四

種醃鹹蛋法，《醒園録》摘抄了其中第四法："又，醃蛋用稻草六成[1]，黄土四成，酒和灰土拌成一塊，每灰三升，拌鹽一升，塑蛋，大頭向上，密排罈内十餘日，或半月可用。合泥不可用水，一用水，蛋白即堅實難吃矣。"

按

【1】稻草：應為稻草灰。

　　用石灰、木炭灰、松柏枝灰、礱糠灰[2] 四件（石灰須少，不可與各灰平等），加鹽拌勻，用老粗茶葉，煎濃汁調拌，不硬不軟，裹蛋裝入罈內，泥封固，百天可用。其鹽每蛋只可用二分，多則太鹹。

又法

　　用蘆草[3]、稻草灰各二分，石灰各一分，先用柏葉帶子[4]，搗極細泥和入三灰內，加礱糠拌勻，和濃茶汁塑蛋，裝罈內，半月、二十天可吃。

注

　　【1】變蛋：松花蛋，又稱皮蛋、灰包蛋、包蛋等，是一種中國傳統風味蛋製品。主要原料是鴨蛋，也可以是雞蛋，口

感鮮滑爽口，微鹹，色香味均有獨到之處。

【2】礱糠灰：礱為"礱"（lóng）之誤。礱是去掉稻殼的工具，形狀像磨，多用木料製成。東漢許慎《說文解字·石部》："礱，䃺也。"清段玉裁注："謂以石䃺物曰礱也。今俗謂磨穀取米曰礱也。"清李實《蜀語》曰："米礱曰磑。磑音内，以木為齒，公輸班作。"四川民間至今猶稱家用磨穀之器為"磑子"。礱糠，即稻穀殼。用稻穀殼（穀子的外皮）燒成的灰，叫礱糠灰。

【3】蘆草：蘆葦草。蘆草和蘆葦是一種植物，長在水裹是蘆葦，常年乾旱後逐漸就成了蘆草。

【4】柏葉帶子：帶柏籽的柏樹葉。

疏

［清］佚名撰《調鼎集》卷四《羽族部·鴨蛋·變蛋》介紹了三種變蛋製法，《醒園録》摘抄其第二、三法："又，變蛋用石灰、木炭灰、松柏枝灰、礱糠灰四件（石炭須少，不可與各灰等），加鹽拌匀，用老粗茶葉煎滾汁調和，不硬不軟，裹袋裝罈，泥封百日可用。其鹽每罈只可用二分，多則太鹹。又，蘆草、稻草灰各二分，石灰一分，先用柏葉帶子搗極細泥，和入三分灰，加礱糠拌匀，和濃茶葉汁，塑蛋裝罈，半月二十日可用。"

六十三　醬雞蛋法

用雞蛋帶殼洗極淨，醃入醬内，一月可吃，但不用煮。取黃生吃之甚美[1]，其清化如水[2]，可搵物[3]，當豆油用之。

注

【1】黃：醬蛋黃。

【2】清：醬蛋清。

【3】搵物：擦拭物件。

疏

［清］佚名撰《調鼎集》卷四《羽族部·雞蛋·醬雞蛋》："雞蛋帶殼洗淨，入甜醬，一月可用，不必煮，取黃生用甚美。其清化如水，可搵物，當香油用之。鴨蛋同。"

六十四　白煮蛋法

　　將蛋同涼水下鍋，煮至鍋邊水響，撈起，用涼水泡之，候蛋極冷，再放下鍋二三滾，取起。其黃不熟不生，最為有趣。

　　疏

　　［清］佚名撰《調鼎集》卷四《羽族部·雞蛋·白煮蛋》："將蛋同涼水下鍋，煮至鍋邊水響，撈起涼水泡之，俟蛋極冷，再下鍋二三滾，取起，其黃不生不熟，最為有趣。鴨蛋同。"

六十五　蛋捲法

用蛋打攪匀，下鐵杓內。其杓當先用生油擦之，乃下蛋煎之，當輪轉令其厚薄均匀[1]，候熟揭起，後做此，逐次煎完，壓平。用豬肉半精白的[2]，刀剉（不可太細），和菉豆粉、雞蛋清、豆油、甜酒、花椒、八角末之類（或加鹽落花生更妙）[3]，併葱珠等下去攪匀，取一小塊，用煎蛋餅捲之，如捲薄餅樣，將兩頭輕輕折入，逐個包完，放蒸籠內，蒸熟吃之，其味甚美。

注

【1】輪轉：將鐵杓像車輪一樣轉動。

【2】半精白：半肥瘦的豬肉。

【3】鹽落花生：落花生，一年生草本植物，葉子互生，有長柄，小葉倒卵形

或卵形，花黃色，子房下的柄伸入地下纏結果。果仁可以榨油，也可以吃。其是重要的油料作物之一。落花生的果仁，也叫花生。鹽落花生，這裏指鹽花生米。

疏

［清］佚名撰《調鼎集》卷四《羽族部·雞蛋·蛋捲》："用蛋打勻，下鐵杓，其杓先用生油擦之。乃下蛋煎，當輪轉令其厚薄均勻，候熟揭起，逐次煎完壓平，用肉半精半肥者，刀剉（不可太細），和豆粉、雞蛋、菜油、甜酒、花椒、八角末、葱花之類（或加醃花生肉）攪勻，取一小塊，用煎蛋皮捲之，如薄餅式，將兩頭輕輕折入，逐個包完，上籠蒸用。鴨蛋同。"

六十六　乳蛋法

每用牛乳三盞[1]，配雞蛋一枚；胡桃仁一枚，研極細末；冰糖少許，亦研末；和勻蒸熟。吃之甚美，兼能補益（老人虛燥有痰者，加老薑汁一茶匙更妙）。

【1】盞：小盂。

［清］佚名撰《調鼎集》卷四《羽族部·牛乳蛋》："每用牛乳三盞，配雞蛋一枚，胡桃仁一枚（研極細末），冰糖少許（亦研末），和勻蒸用，兼能補益（老人氣燥者有痰者，加薑汁一茶匙）。"

用豬尿胞一個，將灰拌，用腳踹踏至大[1]。不拘雞、鵝、鴨蛋，一樣打破，傾碗內，隨用多少調合，裝入胞內，紮緊口。外用油紙包裹，沉井底一夜。次日取出，煮熟剝開，胞內黃白照舊如大蛋一般，甚妙。

注

【1】踹踏：踹（chuài），踩。用腳踩踏。

疏

［清］佚名撰《調鼎集》卷四《羽族部·大蛋》：“豬脬一個[1]，不落水，拌炭腳踹至大，不拘雞、鵝、鴨蛋，一樣打破，傾碗內調勻，裝入脬內，紮口，外用油紙包裹，石垂沉井底一夜。次日取起，

蒸熟剥開用，黄白照舊，如蛋一般。"

按

【1】 豬脬（pāo）：豬的膀胱，俗稱"豬尿胞"。

六十八 治乳牛法

揀帶囝子母牛[1]，如法加料喂之，不令飲水，單用飯湯飲之[2]，以助乳勢[3]。每日可擠兩次。早晚臨取時，用熱水將肚下及乳房處，先盪洗一遍，去其臭味，然後再用熱水，盪洗其乳令熱。欲擠之手，亦要盪熱。擠之即下，此一定之法。若非盪熱，半點不下。

注

【1】囝：音 jiǎn，《全唐詩》十顧況《囝》："囝生閩方，閩吏得之。"注："閩俗呼子為囝。"今西南地區方言讀 zǎi，吳方言讀 nān，都泛指小孩。子母牛：《易·說卦》："坤為地，為母，為布，為釜，為吝嗇，為均，為子母牛。"高亨注："子讀為牸。《廣雅·釋獸》：'牸，雌也。'牸母

牛即牝牛之俗稱也。"此處指頭胎生子的母牛。

【2】 飯湯：米湯。

【3】 助乳勢：即催乳。

疏

［清］佚名撰《調鼎集》卷三《特牲部·酪·黃牛乳》："黃牛乳取法，冬夏可用。⋯⋯其法：取帶子黃母牛，如法加料喂，不飲水，單用飯湯飲之，以肋乳勢[1]。每日可擠兩次。早晚臨取時，用熱水將肚下及乳房先燙一遍，去其臭味，再用熱水燙洗其乳令熱。欲擠之手亦要燙熱，擠之即下，此一定之法。若非燙熱，半點不下。"

按

【1】 肋：疑為"助"字之誤。

　　將乳漿入缽內，安滾水中盪滾，用扇打之，令面上結皮，取起。再扇再取令盡，棄其清乳不用，將皮再下滾水，置火中煎化（約每入配水一碗[1]），下好茶滷一大盃[2]，加芝麻、胡桃仁，各研極細，篩過調勻，吃之甚好。若要鹹，加鹽滷少許。若將乳皮單吃，補益之功更大。

注

【1】每入：［清］佚名撰《調鼎集》卷三《特牲部·酪·乳皮》作“每斤”。費解。疑為“每張（皮）”之誤。

【2】茶滷：茶的濃汁。《醫宗金鑒·正骨心法要旨·黎洞丸》：“內服用無灰酒送下，外敷用茶滷磨塗。”《紅樓夢》第五十六回：“早有丫鬟捧過漱盂茶滷來漱了口。”

疏

[清] 佚名撰《調鼎集》卷三《特牲部·酪·乳皮》："將乳裝入缽，放滾水中燙滾，用扇扇之，令面上結皮，取起，再扇再取，取盡，棄清乳不用。將皮再下滾水煎化，約每斤配水一碗，好茶滷一大盃，加芝麻，胡桃仁，各研極細，篩過調勻用。若用鹹，加鹽汁。若將乳皮單用，補益之功更大。"

　　初次用乳一盞，配好米醋半盞，和勻，放滾水中盪熱，用手聶之[1]，自然成餅。原水只下乳一盞①，不用加醋。三、四次，各加米醋少許，原水不可丟棄。後做此。其乳餅若要吃鹹些，仍留原汁，加鹽少許亦可；或將乳醋，各另盛一碗，置滾水中，預先盪熱，然後量乳一盃，和醋少許，聶之成餅。二、三次時，乳中之汁，若剩至太多，即當傾去，只留少許。

校

①清嘉慶李氏萬卷樓再刻本、四川大學圖書館藏單刻本、《叢書集成初編》本作"二次將成餅原水只下乳一盞"。

注

【1】聶（niē）：古同"捏"，用拇指

和其他手指夾住。〔清〕佚名撰《調鼎集》卷三《特牲部·酪·乳餅》作"撚"。

 疏

　〔清〕佚名撰《調鼎集》卷三《特牲部·酪·乳餅》："初次用乳一盞，配米醋半盞，和勻，放滾水漫熱，用手撚成餅。二次將成餅原水只下乳一盞，不加醋。三次四次加米醋少許，原水不可棄，後仿此乳餅。若要用咸，仍留原汁加鹽，或將乳、醋各盛一碗，置滾水中，預先漫熱，然後量乳一盃，和醋少許，撚成餅。二次三次時，乳中之汁若剩得太多，即當傾去，只留少許。溶乳餅時，將洋糖一餅加入，甜而得味。"

七十一　芝麻茶法

先用芝蔴去皮，炒香磨細，先取一酒盃下碗[1]，入鹽少許[2]，用快子順打①[3]，至稠硬不開[4]，再下鹽水，順打至稀稠，約有半碗多，然後用紅茶熬釅，俟略溫，調入半碗，可作四碗吃之。

又法

用牛乳隔水頓二三滾[5]，取起晾冷結皮，將皮揭盡，配碗和芝蔴茶吃。

校

①四川大學圖書館藏單刻本、《叢書集成初編》本、清嘉慶李氏萬卷書樓再刻本同。順打，即按順時針方向攪動。

注

【1】先取一酒盃下碗：按上下語勢，

此句意思應是：先取一酒盃炒香磨細的芝麻粉放入碗中。

【2】入鹽：“鹽”字後應掉一“水”字。

【3】快子：即“筷子”。

【4】稠硬不開：因鹽水太少，芝麻粉在鹽水中成塊狀，沒有散開。

【5】頓：即“燉”之別字。

疏

　　［清］佚名撰《調鼎集》卷八《茶酒單‧茶‧芝麻茶》：“先用芝麻去皮炒香磨碎，先取一酒盃下碗，入鹽水少許，用筷子順打，至稠硬不開，再下鹽水順打，至稀稠約有半碗多，然後用紅茶熬釅，俟略溫，調入半碗，可作四碗用之。又，用牛乳隔水燉二三滾取起，晾冷，結皮揭盡，配碗和芝麻茶用。”

先將杏仁泡水，去皮尖，與上白米飯米對配[1]，磨漿墜水[2]，加糖頓熟[3]，作茶吃之，甚為潤肺。或單用杏仁磨漿，加糖亦可。或用杏仁為君[4]，米用三分之一。無小磨，用臼搗爛，布濾。

注

【1】上白米飯米：上白米，是米的等級；飯米，是米的種類。全句意為：上等的精白飯米。

【2】墜水：即用布包裹杏仁飯米漿，用繩吊在橫樑上墜濾水。下一句"加糖頓熟，作茶吃之"，似乎是將布濾出來的水加糖燉熟當茶飲。那我們要問，墜水以後的杏仁飯米粉子，又作何用呢？最後一句"或用杏仁為君，米用三分之一。無小磨，

用白搗爛，布濾。"亦然。對照〔清〕佚名撰《調鼎集》卷一〇《杏·杏仁醬》的原文記載，"先將杏仁去皮尖，與上白飯米對配磨漿，加糖燉熟作茶。"是不需要墜水過濾的，這纔叫"杏仁漿"。李化楠、李調元父子理解的"杏仁漿"，只可謂"杏仁水"，纔能"作茶吃"。

【3】為君：（以杏仁）為主。

〔清〕佚名撰《調鼎集》卷一〇《杏·杏仁醬[1]》："先將杏仁去皮尖，與上白飯米對配磨漿，加糖燉熟作茶。或單用杏仁磨漿，加糖。或杏仁為君，米用三分之一，設無小磨，用白搗爛，布濾亦可。又，甜杏仁泡去皮尖，換水浸一宿，如磨豆腐式，澄去水，加薑汁少許，洋糖點飲。"

【1】醬：當為"漿"之誤。

七十三　千里茶法

白沙糖四兩，白茯苓三兩，薄荷葉四兩，甘草一兩，共為細末，煉密為丸[1]，如棗子大。每用一丸嚼化，可行千里之程不渴。

注

【1】密：當為"蜜"之誤。"煉蜜為丸"系古代一種製成藥的方法，把藥物研成細末後，再把蜂蜜在鍋裏化開，不停地攪動，然後把藥倒入，接着攪勻，然後搓成丸子。

疏

〔清〕佚名撰《調鼎集》卷八《茶酒單·茶·千里茶》："洋糖四兩，茯苓三兩，薄荷四兩，甘草一兩，共研末，煉蜜為丸，如棗大，一丸含口，永日不渴[1]。"

按

【1】永日：長日，意思是漫長的白天。從早到晚，整天。多日，長久。

七十四　蒸黏糕法

每糯米七升，配白飯米三升①，清水淘淨。泡隔宿撈起，舂粉篩細，配白糖五斤（紅糖亦可），澆水拌勻，以用手抓起成團為度，不可太濕。入籠蒸之，俟熟，傾出晾冷，放盆內，用手極力揉勻，至無白點為度。再用籠圈安放平正處，底下及周圍，俱用筍殼鋪貼，然後下糕，用手壓平，去圈成個。

校

① 《叢書集成初編》本同。清嘉慶李氏萬卷樓再刻本、四川大學圖書館藏單刻本作“二升”。

疏

〔清〕佚名撰《調鼎集》卷九《點心部·米粉糕·粘糕》：“每糯米七升，配白饭米三升，淘净，泡一日捞起，舂粉筛细，加洋糖五斤（红糖亦可），浇水拌匀，以手抓起成團，不可太濕，籠蒸俟熟，倾出晾冷，放盆内，極力揉挪至無白點為數。再用籠圈放平正處，底下周圍俱用筍殼鋪貴，然後下糕壓平，去圈成個。"

　　每麵一斤，配蛋十個，白糖半斤，合作一處，拌勻，蓋密，放灶上熱處。過一飯時，入蒸籠內蒸熟，以快子插入[1]，不粘為度。取起候冷定，切片吃。

　　若要做乾糕，灶上熱後，入鐵爐熨之。

注

【1】快子：即“筷子”。

疏

　　［清］佚名撰《調鼎集》卷四《羽族部·雞蛋·雞蛋糕》：介紹兩種雞蛋糕製法，其第一種：“每麵一斤，配雞蛋十個，洋糖半斤，合一處拌勻，蓋密，放灶上熱處，過一飯時，入籠蒸熟，以筷子插入不粘為度，取起候冷，切片用。如做乾糕，灶上熱後，入鐵爐熨之。”

七十六 蒸蘿蔔糕法

　　每飯米八升，加糯米二升，水洗淨，泡隔宿。舂粉篩細，配蘿蔔三四斤，刮去粗皮，擦成絲。用熟豬板油一斤，切絲或作丁，先下鍋略炒，次下蘿蔔絲同炒，再加胡椒麵、葱花、鹽各少許仝炒。蘿蔔[1]半熟撈起，候冷，拌入米粉內，加水調極勻（以手挑起，墜有整塊，不致太稀），入蒸籠內蒸之（先用布襯於籠底），快子插入不粘[1]，即熟矣。

又法

　　豬油、蘿蔔、椒料俱不下鍋，即拌入米粉同蒸。

 校

①四川大學圖書館藏單刻本、《叢書

集成初編》本、清嘉慶李氏萬卷再刻本同。此處"蘿蔔"
當作"蘿蔔絲"。

注

【1】快子：即"筷子"。

疏

［清］佚名撰《調鼎集》卷七《蔬菜部·白蘿蔔·蘿
蔔糕》："每白飯米八升，加糯米二升，淘淨泡，隔宿舂粉
篩細，配蘿蔔三四斤，刮去粗皮，擦成絲，用熟脂油一
斤，切絲或切丁，下鍋略炒，次下蘿蔔絲同炒，再加胡椒
末、葱花、鹽各少許同炒，蘿蔔半熟撈起，俟冷拌入米
粉，和水調勻（以手挑起墜有整塊，不至太稀），入籠蒸
之（先用布襯籠底），筷子插入不粘，即熟矣。又，脂油、
蘿蔔、椒料俱不下鍋，即拌入米粉同蒸，亦可。"

七十七　蒸西洋糕法

每上麵一斤，配白糖半斤，雞蛋黃十六個，酒娘半碗^[1]，擠去糟粕^①，只用酒汁，合水少許和勻，用快子^[2]攪，吹去沫，安熱處令發。入蒸籠內，用布鋪好，傾下蒸之。

校

①清嘉慶李氏萬卷樓再刻本、四川大學圖書館藏單刻本、《叢書集成初編》本作"粕"。

注

【1】酒娘：舊時叫"醴"，是中國傳統的特產酒。用糯米或粳米、泉水或井水、天然酒麴（客家話稱為酒餅）為原料，採用傳統釀造工藝發酵產出的原酒，稱為酒娘。又叫醪糟、米酒、甜酒、甜米

酒、糯米酒、江米酒、酒糟。

【2】快子：即“筷子”。

疏

［清］佚名撰《調鼎集》卷四《羽族部・雞蛋・雞蛋糕》介紹了兩種“雞蛋糕”法，其第二種：“又，麵一斤，配雞蛋黄十六個，洋糖半斤，酒娘半碗，擠去糟，只用酒汁，合水少許和匀，用筷子攪調，吹去沫，放熱處令發，籠内用布鋪好，傾下蒸之。”

七十八 做菉豆糕法

菉豆粉一兩[1]，配水三中碗，和糖攪勻，置砂鍋中煮，打成糊，取起分盛碗中，即成糕。

注

【1】一兩：對照［清］佚名撰《調鼎集》卷九《點心部·米粉糕·綠豆糕》第三種製法，疑為"一斤"之誤。

疏

［清］佚名撰《調鼎集》卷九《點心部·米粉糕·綠豆糕》介紹三種綠豆糕製法，其第三種："又，綠豆粉一斤，水三中碗，和糖攪勻，置砂鍋中煮打成糊，取起分盛碗內，即成糕。"

七十九　蒸萵菜糕法

飯米一斗，用水洗泡，配菜葉五斤，洗淨，切極細，拌米合磨成漿。將糖和微水下鍋，煮至滴水成珠，傾入漿内攪匀，用碗量水①，蒸籠内蒸熟。纔重重做此下去[1]，如蒸九重糕法。甚美。每重以薄為妙。

校

①清嘉慶李氏萬卷樓再刻本、四川大學圖書館藏單刻本、《叢書集成初編》本作“用碗量入”。

注

【1】重重：重疊之意。

疏

［清］佚名撰《調鼎集》卷七《蔬菜部·萵苣·萵苣葉糕》：“白米一斗淘泡，

配蒿苣葉五斤，洗淨切極細，拌米合磨成漿；糖和微水下鍋，煮至滴水成珠，傾入漿內攪勻，用碗量之入蒸籠蒸熟，重重放此下去，如蒸九重糕法，甚美，以薄為妙。"

八十　蒸茯苓糕法

用軟性好飯米，舂得極白研麵，用極細篩篩過。每斤麵配白糖六兩，拌勻，下層籠內[1]，用手排實（未下時，先墊高麗紙一重[2]），蒸熟。

又法

用七成白粳米[3]，三成白糯米，再加二三成蓮肉[4]、芡實[5]、茯苓[6]、山藥等末[7]，拌勻蒸之。

又法

用上好白飯米，洗淨晾乾①，不可泡水，研極細麵。再用上白糖，每斤配水一大碗，攪勻下鍋攪煮，收灕②，數滾取起，候冷澄去渾底，即取多少灕入米麵令濕，用手隨灕隨搔[8]，勿令成塊，至潮濕普遍就好。先用淨布鋪於層籠底，將麵篩下抹平，略壓一壓，用銅刀先行剖劃條塊子，蒸熟取起，候冷，擺開好吃。

又法

亦用飯米洗泡舂粉，用白糖水和拌，篩下層籠內打平，再篩餡料一重，又篩米麵一重；若要多餡，放③此再加二三重皆可。篩完抹平，用刀劃開塊子，中央各點紅花，蒸熟（此一名封糕。餡料用核桃肉，松、瓜等仁，研碎篩下）。

校

①清嘉慶李氏萬卷樓再刻本、四川大學圖書館藏單刻本同。《叢書集成初編》本作"晒乾"。

②清嘉慶李氏萬卷樓再刻本、四川大學圖書館藏單刻本、《叢書集成初編》本作"收沫"。

③清嘉慶李氏萬卷樓再刻本、四川大學圖書館藏單刻本、《叢書集成初編》本作"做"。

注

【1】層籠：分多層蒸格的蒸籠。

【2】高麗紙：古代高麗國（918—1392）（又稱高麗

王朝、王氏高麗）所產之紙。宋人陳槱撰《負暄野錄》云："高麗紙以棉、繭造成，色白如綾，堅韌如帛，用以書寫，發墨可愛。此中國所無，亦奇品也。"此紙多為粗條簾紋，紙紋距大又厚於白皮紙，經近人研究，宋元明清時我國書寫所用高麗紙，大部分是桑皮紙。清乾隆時我國有仿製的高麗紙。因為高麗紙類似我國長城古紙或皮紙，厚如夾貢、又不及夾貢平滑，其韌如皮革，僅吸水分而不易吸墨。其粗製者，堅厚若油，民間常用以為窗簾、為雨帽、為書夾。這裏用來墊蒸籠，取其吸水而又堅厚耐用。

【3】粳米：大米分為秈米、粳米和糯米三類。用粳稻穀加工而成的大米即為粳米，米粒多呈橢圓形。

【4】蓮肉：中藥名。即"蓮子"，為睡蓮科植物蓮的乾燥成熟種子。藥用，具有補脾止瀉、止帶、益腎澀精、養心安神之功效。

【5】芡實：中藥名。別名雞頭米，為睡蓮科植物芡的乾燥成熟種仁。藥用，具有益腎固精、補脾止瀉、除濕止帶之功效。

【6】茯苓：中藥名。別名雲苓、白茯苓。寄生在松樹根上的一種塊狀菌，皮黑色，有皺紋，內部白色或粉紅色包含松根的叫茯神，都可入藥。

【7】山藥：中藥名。別名藷蕷、署預、薯蕷、山芋

等，本品為薯蕷科植物薯蕷的塊莖。主治：健脾，補肺，固腎，益精。

【8】搔（sāo）：同"騷"，擾亂。

［清］佚名撰《調鼎集》卷九《點心部·米粉糕·茯苓糕》："用軟性好飯米，舂得極白，研粉篩過，每斤粉配洋糖六兩，拌勻下蒸籠，用手排實（未下時用高麗紙墊一重），蒸熟。

"又，用七成白粳米，三成糯米，再加二三成蓮肉、芡實、茯苓、山藥等末，拌勻蒸熟。

"又，用上白飯米淘盡晾乾，不可泡水，研極爛細粉，再用上洋糖，每配水一大碗攪勻，下鍋攪煮，收沫，數滾取起，候冷澄去渾腳，即取灑入米粉令濕，用手隨灑隨搔，勿令成塊，至潮濕普遍就好。先用淨布鋪於籠底，將粉篩下，抹平略壓，用銅刀劃開成條塊，蒸熟取起，候冷擺開，好用。

"又，用飯米淘泡舂粉，洋糖水和拌，篩下蒸籠抹平，再篩餡料一重。又，米粉一重，若要多餡，仿此再加二三重皆可。用刀劃開，塊子中央各點紅花蒸熟（餡用胡桃仁、松仁、瓜仁研碎篩下）。"

八十一　鬆糕法　即發糕

　　用上白飯米，洗泡一天，研磨細麵，糖亦如茯苓糕提法。二者俱備，一盃麵，一盃糖水，一盃清水，加入麩子①（即包子店所用麴發麵也），攪勻，蓋密令發至透，下層籠蒸之。要用紅的，加紅麴末；要綠加青菜汁；要黃加美黃②[1]，即各成顏色。

校

　　①清嘉慶李氏萬卷樓再刻本、四川大學圖書館藏單刻本、《叢書集成初編》本作"餃子"。

　　②清嘉慶李氏萬卷樓再刻本、四川大學圖書館藏單刻本、《叢書集成初編》本作"薑黃"。

注

【1】薑黃：薑黃是一種多年生有香味的草本植物。既有藥用價值，又可以做食品調料。辛香輕淡，略帶胡椒、麝香味及甜橙與薑之混合味道，略有辣味、苦味。原產於印度的薑科植物薑黃的乾燥根莖磨製成的粉，用作調味品和黃色着色劑，是家庭使用的普通調味料，用於咖哩粉、調味料等。

疏

［清］佚名撰《調鼎集》卷九《點心部·米粉糕·鬆糕》介紹兩種鬆糕製法，其第一種："上白飯米先泡一日，碾磨細麵，和糖，亦如茯苓糕提法，二者俱備，一盃麵，一盃糖水，一盃清水，加入麵子（即麵店取用麴也）攪匀，蓋密令發至透，下籠蒸之，要紅加紅麴末，要綠加青菜汁，即成各種顏色。"

揀上好大西瓜，劈開刮瓤，撈起另處，瓜水汁另作一處。先將瓜瓤瀝水下鍋煮滾，再下瓜瓤仝煮，至發粘取起，秤重與糖對配。將糖同另處瓜汁，下鍋煮滾，然後下瓜瓤，煮至滴水不散，取起用罐裝貯（具子另揀炒香，取仁下去[1]）。如久雨潮濕發霉，將浮面霉點用快子揀去[2]，連罐坐慢火爐上，徐徐滾之，取起勿動。

注

【1】具子：疑為"瓜子"之誤。

【2】快子：即"筷子"。

按

此條疑有缺漏文字。按此法做出來的東西不像"西瓜糕"，倒似"西瓜膏"。

將鮮山查[1]，水煮一滾，撈起去皮核，取淨肉搗爛，再用細竹篩手磨擦去根，秤重與白糖對配。不紅，加紅顏料拌勻，或印或攤[2]，整個切條塊收貯。倘水氣不收難放，用爐灰排平，隔紙將糕排在紙上，紙蓋一二層，水氣收乾裝貯。

又法

水煮熟，去皮留肉并核，將煮山查之水，下糖煮滾，泡浸查肉，酸甜，可作圍碟之用①[3]。

①四川大學圖書館藏單刻本、《叢書集成初編》本同。清嘉慶李氏萬卷樓再刻本在"可作圍碟之用"後面尚多出一段文

字："木瓜、柳丁、橘子皆可作糕，但當蒸熟去皮，搗爛擦細加糖，與山查糕一樣做法。"

注

【1】山查：〔清〕佚名撰《調鼎集》卷一〇《糖球（江浙九月有，次年三月止）》："北方呼'山裏紅'，即'山查'。南方呼'糖球'，又名紅果。和浮炭水同裝磁瓶，過時不變色，而且肉不壞。"今寫作"山楂"。

【2】或印或攤：做糕有木製的糕模，將搗爛的山楂肉秤重，按一定比例配上麵粉、白糖，和勻攤平，用糕模印在山楂泥上，然後切成條塊。

【3】圍碟：筵席先上冷盤水果，圍在桌中拼盤周為一圈的磁碟，叫圍碟。

疏

〔清〕佚名撰《調鼎集》卷一〇《糖球·糖球糕》："糖球擰汁和麵粉，加洋糖蒸糕。又，熟糖球去皮核，研開，和糯米粉、洋糖拌蒸，切糕。香芋糕同。又，山東大山查去皮核，每斤用洋糖四兩搗糕，明亮如琥珀，再加檀屑一錢，香美耐久。又，蒸熟去皮核，杵極爛，稱重與洋糖對配，如不紅，加紅花濃汁，杵勻，用雙層油紙攤平，包方壓扁，或印花，或整個切條塊收貯。倘水氣不收，用爐灰攤平，隔紙將糕攤上，紙蓋一二日，收乾水氣裝用。又，煮熟去皮核，留肉，將山查之水下糖，乘滾泡浸查肉，其味酸甜，可作圍碟之用。又，不拘多寡，去兩頭及核蒸熟，每肉一斤，加洋糖半斤搗爛，盆內先鋪油紙，將糕均鋪紙上，再以抿子抹平[1]，面蓋油紙，過三二日切塊，將用再切。又，將紅果略蒸取起，去其外皮，拌洋糖，每查一斤，該糖半斤。"

按

《醒園錄》"山查糕法"即摘自《調鼎集》卷一〇《糖球·糖球糕》條，但是漏掉"和麵粉""收乾水氣"這些關鍵字眼，令人不明白僅僅山查和白糖，如何成糕？反觀八十二條"煮西瓜糕法"，便知抄寫者疏忽，漏掉了一些字。

【1】抿子：原是抹牆泥的工具。這裏指做山楂糕的工具，用來將鋪在紙上的糕抹平整。

薔薇，天明初開時取來，不拘多少，去心蒂及葉頭有白處，鋪於罐底，用白糖蓋之，紮緊。明日再取，如法。後做此。候花過，將罐內糖花不時翻轉，至花略爛，將罐坐於微火煮片時，加飴糖①和匀[1]，紮緊候用。

校

①《叢書集成初編》本同。清嘉慶李氏萬卷樓再刻本、四川大學圖書館藏單刻本作"飴糖膏"。

注

【1】飴糖：又稱麥芽糖漿或麥芽糖飴，它是由玉米、大麥、小麥、粟等糧食經發酵糖化而製成的食品，是生產歷史最為悠久的澱粉糖品。

疏

　　[清] 佚名撰《調鼎集》卷一〇《薔薇·薔薇膏》：
"薔薇俟清晨初放時採來，不拘多少，去心蒂及瓣頭有白
處摘淨。花鋪於罐底，用洋糖蓋之，紮緊。明日複取花如
法製之。候花過時，罐內糖、花不時翻轉，至花略爛，將
花坐於微火上煮片時，加洋糖和勻，紮緊候用。"

用白糖十斤，先煮至滴水不散，下粉
漿二斤（粉漿即以麥麩做麵筋，麵筋成後
所餘之水是也），再煮至如龍眼肉樣[1]，
下桂花滷（梅桂滷亦可[2]），再煮，傾起
候冷，用麵趕攤開[3]，整領剪塊。若要煮
明糖[4]，候煮硬些取起，上下用芝麻鋪
壓，以麵趕攤開。按：西瓜糕及此桂花糖
內，均可量加飴糖。

![注]

【1】再煮至如龍眼肉樣：澄而煮成
稠粥樣，白而近乎透明，恰似新鮮龍眼
（桂圓）肉一般。

【2】梅桂：即“玫瑰”。

【3】趕攤：“趕”，為“擀”之誤。
即擀薄攤開之意。

【4】明糖：也叫芝麻糖，其歷史溯源悠久，創於潮汕地區，至今幾百年歷史。在潮汕地區起源用於婚嫁、拜神，至今也保留著這個習俗；但是現在基本上變為日常零食，很受潮汕人喜愛。潮汕婚嫁習俗裏面，送聘時男女雙方一般都用明糖粒、豆條、茗花和菊花糕等四種或以上的傳統小食送給好朋友，俗稱"四色茶"。明糖粒表面沾滿芝麻，寓意多子。

疏

［清］佚名撰《調鼎集》卷一〇《桂花糖》："洋糖十斤先煮，滴水不散，下粉漿二斤（粉漿即麥麩篩所餘之水澄下白粉是也），再煮龍眼肉樣，下桂花滷（玫瑰滷亦可），再煮傾起，候冷擀薄攤開，整領剪塊。要煮明糖，候煮硬些取起，上下用芝麻鋪壓，以麵擀攤開（按西瓜糕及桂花糖均可飴糖）。"

上好乾白麵一斤，先取起六兩，和油四兩（極多用至六兩，便為頂高餑餑），同麵和作一大塊，揉得極熟，下剩麵十兩，配油二兩（多至三兩），添水下去，和作一大塊，揉勻。纔將前後兩麵，合作一塊，攤開，再合再攤，如此十數遍。再作小塊子攤開，包餡，下爐熨之[2]，即為上好餑餑。

又法

每麵一斤，配油五六兩，加糖，不下水。揉勻作一塊，做成餅子，名"一片瓦"。

又法

裏面用前法，半油半水相合之麵。外再用單水之麵，薄包一重，酥而不破。其餡料，用核桃肉，去皮研碎半斤，松子、瓜子二仁各二兩，香圓絲[3]、橘餅絲各二兩，白糖、板沖①（如入飴糖，即不用板油矣）。月餅同法。

①清嘉慶李氏萬卷樓再刻本、四川大學圖書館藏單刻本、《叢書集成初編》本作"板油"。

注

【1】餑餑：北京方言。指糕點或饅頭一類的食品。《紅樓夢》第七十一回："我也不餓了，纔吃了幾個餑餑，請你奶奶自吃罷。"《程乙本紅樓夢》第七十五回："月餅是新來的一個餑餑廚子，我試了試，果然好，纔敢做了孝敬來的。"明楊慎《升庵外集》釋"餛餺"曰："今北人呼為波波，南人訛為磨磨。"張慎儀《蜀方言》："波波本作餑餑，磨磨之磨《集韻》作麳，一作饝。"今寫作饃饃。

【2】下爐熨之：放入爐中，加熱使之平貼。

【3】香圓絲：即"香櫞絲"。

疏

［清］佚名撰《調鼎集》卷九《點心部·餑餑》："上好乾白麵一斤，先取起六兩和油四兩（極多用六兩為頂高

餑餑），同麵和作一大塊，揉得極熟，下剩麵十兩配油二兩（多則三兩），添水下去，和作一大塊揉勻，將前後兩面合作一塊，攤開，再合再攤，如此十數遍，再作小塊子攤開，包餡，下爐熨之，即為上好餑餑。"又："每麵一斤，配油五六兩，加糖，不下水，揉作一塊，做成餅子，名'一片瓦'。"又："裏麵用前法，半油半水相合之麵，外再用單水之麵薄包一重，酥而不破，其餡料用：胡桃仁去皮研碎半斤，松子、瓜子二仁各二兩，香圓絲、橘餅絲各二兩，洋糖、脂油（如入飴糖，即不用脂油）。月餅同。"

八十七　做滿洲餑餑法

外皮，每白麵一斤，配豬油四兩，滾水四兩，攪勻，用手揉至越多越好。內面，每白麵一斤，配豬油半斤（如攪乾些，當再加油），揉極熟，總以不硬不軟為度。纔將前後二麵合成一大塊，揉勻，攤開，打捲，切作小塊，攤開包餡（即核桃肉等類），下爐熨熟。月餅同法。或用好香油和麵，更妙。其應用分兩輕重[1]，與豬油同。

校

①《叢書集成初編》同。清嘉慶李氏萬卷樓再刻本、四川大學圖書館藏單刻本作"覺"。

注

【1】分兩：即概括上文分斤配兩之

意。今四川民間還有"分斤蝕兩"的說法。

疏

[清] 佚名撰《調鼎集》卷九《點心部·滿洲餑餑》："外皮：每白麵一斤，配脂油四兩，滾水四兩，攪匀，兩手用力揉，越多越好。內面：每白麵一斤，配脂油半斤（如乾再加油），揉極熟，總以不硬不軟為度。將前後二麵合成一大塊，加油揉匀攤開，打捲，切作小塊，攤開包餡（即胡桃等仁），下爐熨熟。月餅同。或用好香油和麵更妙，其應用分兩輕重與脂油同。"

八十八　做米粉菜包法

用飯米舂極白，洗泡濾乾，磨篩細粉。將粉置大盆中，留餘一大碗。先將涼水下鍋煮滾，然後將大碗之粉，勻勻撒下，煮成稀糊，取起傾入大盆中，和勻成塊。再放極淨熱鍋中，拌揉極透（恐皮黑，不入熱鍋亦可）。取起，聶做菜包。任薄不破。如做不完，用濕巾蓋密，隔宿不壞（若要做薄皮，當調硬些，切不可太稀，要緊）。

又法

將米粉先分作數次，微炒，不可過黃，餘悉如前法。其餡料用芥菜（切碎，鹽揉，擠去汁水）、青蒜（切碎）[①]、同肉皮白肉絲油炒半熟包入。又，或用熟肉（切細）、香菰、冬筍、豆腐乾、鹽落花生仁、橘餅、冬瓜、香圓片（各切丁子）備齊。將冬筍，先用滾水盪熟，豆腐乾用油炒熟，次取肉下鍋炒一滾，再下香菰、冬筍、豆腐乾同炒，取起，拌入花生仁等料包之，或加蛋條亦好。此項，只宜下鹽，切不可用豆油，以豆油能令皮黑故也。凡做消邁及蕨粉包肉餡[1]，悉如菜包。其蕨粉皮，如做米粉法。

校

①《叢書集成初編》同。清嘉慶李氏萬卷樓再刻本、四川大學圖書館藏單刻本在"青蒜（切碎）"前尚有"蘿蔔（切碎）"。

注

【1】消邁：即燒賣、燒麥的不同寫法。燒賣，中國土生土長的一種麵食，點心之屬。最早的史料記載，在元高麗（今朝鮮）出版的漢語教科書《樸事通》上，就有元大都（今北京）出售"素酸餡稍麥"的記載。該書關於"稍麥"的注解以麥麵做成薄片包肉蒸熟，與湯食之，方言謂之"稍麥"。"麥"亦作"賣"。又云："皮薄肉實切碎肉，當頂撮細似線稍系，故曰稍麥。"如把這"稍麥"的製法和今天的"燒賣"做一番比較，可知兩者是同一樣的東西。到了明清時代，"稍麥"一詞雖仍沿用，但"燒賣"

"燒麥"的名稱也出現了，並且以"燒賣"出現得更為頻繁些。如《金瓶梅》中便有"桃花燒賣"的記述。《揚州畫舫錄》《桐橋倚棹錄》等書中均有"燒賣"一詞的出現。清代佚名編《調鼎集》卷九《點心部·米粉菜包》中便有"凡做燒賣及蕨粉包肉餡，悉如菜包"的記載，可知《醒園錄》此條中的"消邁"是同名異寫。

【2】蕨粉：蕨為野生植物，可以佐餐，生在山野草地，喜為人們採食。蕨粉為蕨的根莖中所含的澱粉經加工而得。明李時珍著《本草綱目》載："其根紫色，皮內有白粉，搗爛，再三洗澄，取粉作粔籹（jù nǚ，猶今之饊子，又稱寒具、膏環），蕩皮作線食之，色淡紫，而甚滑美也。"蕨粉可製粉條、粉皮，配製糕餅點心，亦能代替豆粉、藕粉，營養價值十分豐富。

疏

［清］佚名撰《調鼎集》卷九《點心部·米粉菜包》："用飯米舂極白，淘淨濾乾，磨篩細粉，將粉置大盆中，留下一碗，先將冷水下鍋煮滾，將留下之粉均勻撒下，煮成稀糊，取起傾入大盆，和勻成塊，再放極淨熱鍋中拌揉極透（恐皮黑不入熱鍋亦可），取起撚做菜包，任薄不破。如做不完，用濕布蓋密，隔宿不壞（要做薄皮必當調硬，

不可太稀)。

"又，將米粉分作數次微炒，不可過黃，餘悉如前法，其餡料用芥菜（切碎、鹽揉，擠去汁）、蘿蔔（切碎）、青蒜（切碎），同肉皮白肉絲同炒半熟。又，或用熟肉切絲，香蕈、冬筍、豆腐乾、醃落花生仁、橘餅、冬瓜、香圓片各切丁備齊，將冬筍先用滾水燙熟，豆腐乾用油炒熟，次下肉一炒，再下香蕈、冬筍、豆腐乾同炒，取起拌入花生仁等料包之。或加蛋條亦好。此餡只宜下鹽，不可用豆油，能令皮黑故也。凡做燒賣及蕨粉包肉餡，悉如菜包，其蕨粉皮如做米粉皮。"

八十九　晒番薯法[1]

　　揀好大條者，去皮乾淨，安放層籠內蒸熟，用米篩摩細去根[2]，晒去水氣，揉作條子或印成糕餅，晒乾，裝入新磁器內，不時作點心，甚佳。

注

　　【1】番薯：別稱甘薯、地瓜、甜薯、紅薯、紅苕、白薯。原產南美洲及大、小安得列斯群島，全世界的熱帶、亞熱帶地區廣泛栽培的糧食作物。哥倫布發現新大陸後，由西班牙人傳入菲律賓等國栽種。明朝萬曆二十一年（1593），番薯引入中國，17世紀，中國普遍推廣，逐漸成為僅次於稻米、麥子和玉米的第四大糧食作物。

　　【2】摩細：擦細。

九十 煮香菰法【1】

　　將菰用水洗濕至透，撚微乾【2】。熱鍋下豬油，加薑絲，炙至薑赤，將菰放下，連炒數下，將原泡之水從鍋邊高處周圍循循傾下，立下立滾，隨即取起，候配烹調各菜，甚脆香。凡所和之物，當候煮熟，隨下隨起，切不可久煮，以失菰性。

注

　　【1】香菰：指茭白，別稱"菰筍""高筍"。

　　【2】撚：同"捻"，用手指搓轉。

九十一 東洋醬瓜法

先用好麵十斤，炒過大豆粉二升（或秤重二斤亦可），二共冷水作餅，蒸熟候冷（餅約二指厚，兩掌大），於不透風煖處醬①之，下用蘆蓆鋪勻，餅上用葉厚蓋，醬②至黃衣上為度。去葉翻轉，黃透晒乾，漂露愈久愈妙。瓜每斤配食鹽四兩（此獨用鹽多者，以鹽滷下醬之故），醃四五天，將瓜撈起，晒微乾。瓜滷候澄清，去底下渾腳後，即將清滷攪前麵豆餅作醬（餅須搗極細，或磨過更妙），醬與瓜對配，裝入磁罐內，不用晒日，候一月可開。

校

①②"醬"字，《叢書集成初編》本同。清嘉慶李氏萬卷樓再刻本、四川大學

圖書館藏單刻本作"窨"（yǐn），同"窨"，密閉，封閉之意。細考全文，以作"窨"為是。

九十二 乾醬瓜法

二三月天，先將小麥洗磨略碎，不過篩（若要做細醬麵，以磨細篩過為是），和滾水做成磚條塊子，蓋於煖處，令其發霉務透，晒乾收貯。候瓜熟，買來剖作兩瓣，銅錢刮去瓤，用滾透熟冷水洗淨，布拭乾。再用石灰一斤，亦用滾透熟冷水泡，澄去渾底，將瓜泡下，只過夜。次早洗淨取起，用布拭乾，用大口高盆子，將黃先研細麵，篩過，先裝盆底一重，次裝瓜一重，又裝鹽一重，重重裝入。上面仍用醬麵蓋之，不用水。用麻布蓋晒，於初伏日起[1]，日晒夜收，一月可吃。

凡晒醬，切不可着一點生水，以致易壞生白[2]。每料瓜四十九斤，醬麵四十五斤，鹽九斤，石灰一斤（醬、麵、鹽、灰俱研細候用）。

注

【1】初伏日：伏日，也叫伏天，分初伏、中伏和末伏。農曆夏至後第三庚日起為初伏（頭伏），第四庚日起為中伏，立秋後第一庚日起為末伏。初伏、末伏皆為十天，惟中伏有十天或二十天，因為末伏之起必在立秋後之庚日的緣故。

【2】生白：即生花，醬麵長白霉。

揀大塊嫩生薑[2]，擦去粗皮，切成一分多厚片子，置瓷盆內。用研細白鹽少許（或將鹽打滷，澄去泥沙淨，下鍋再煎成鹽，用之更妙），稍醃一二時辰，即逼出鹽水[3]。約每斤加白醃梅乾十餘個[4]，拌入薑片內，隔一宿，俟梅乾漲，薑片軟，撈起，去酸鹹水，仍入瓷盆。每斤可加白糖五六兩。染鋪所用好紅花汁半酒盃[5]，拌勻，晒一日，至次日嘗之，若有鹹酸水，仍逼去[6]，再加白糖、紅花一二次，總以味甜而色清紅為度。仍置日色處晒二三日，即可入瓶。晒時，務將瓷盆口用紗蒙緊，以防螞蟻、蒼蠅投入。

注

【1】醃：〔清〕李實著《蜀語》曰：

"漬藏肉菜曰醃。醃音淹。"今通行"腌"字。

【2】 嫩生薑：即"芷姜"（初生的嫩薑）。

【3】【6】 漉：即"滹"，擋住渣滓或泡的東西，把液體濾出。

【4】 白醃梅乾：只經過鹽漬初加工的梅乾。參見清佚名《調鼎集》卷一〇《梅‧醃鹹梅》條。

【5】 紅花：指可以染色的中藥材。

疏

［清］佚名撰《調鼎集》卷一《薑‧醃紅甜薑》："揀大塊嫩生薑，擦去粗皮，切成一分厚片子，置磁盆內，用研細白鹽少許，或將鹽打滷，澄去泥沙，下鍋再煎成鹽，用之醃一二時辰，即瀝出鹽水，約每斤加白醃梅乾十餘個，拌入薑內，隔一宿，俟梅乾發漲，薑片柔軟撈起，去酸鹹水，仍入磁盆，每斤可加洋糖五六兩，染鋪所用好紅花汁半酒盃，拌勻，晒一日，至次日嘗之，若有鹹酸，水仍逼去，再加洋糖、紅花一二次，總以味甜而色紅為度。仍晒二三日，次入瓶。晒時，務將磁盆口用紗蒙紮，以防螞蟻、蒼蠅投入。"

九十四 醃瓜諸法

凡要下醬之瓜，總以加三鹽為準[1]，但醃法不一。有將瓜剖開配鹽，瓜背向下，瓜腹向上，層層排入盆內，即壓下不動，至三四天或五六天撈起，於滷水中洗淨，晾乾水氣入醬者；有剖開去瓤，晾微乾，用灰搔擦內外，丟地隔宿，用布拭去灰令淨，勿洗水入醬者；有剖開撒鹽，用手逐塊搔擦至軟，裝入盆內，二三天撈起入醬者。諸法不一。大約用後二法，其瓜更為青脆。

注

【1】三鹽：常用的三種食鹽，即海鹽、池鹽、井鹽。

九十五 醃青梅法

　　青梅買來，即用石灰加水潮濕，手搓翻一遍。隔宿，將水添滿，泡一天，嘗看酸澀之味，去有七八為度。如未，即當再換薄灰水再泡，洗淨撈起，鋪開晾風，略乾就好（不可太乾，以致皺縮）。每梅十斤，配鹽七八兩，先拌醃一宿，然後用冰糖清灌下令滿[1]，隔三四天，傾出煎滾，加些白糖，候冷仍灌下，隔十天八天，再傾再煎，纔可裝貯罐內，庶可久存不壞。如日久或雨後發霉，即當再煎為要。

　　甜薑法同。

注

【1】冰糖清：即冰糖水。

疏

〔清〕佚名撰《調鼎集》卷一○

《梅·醃青梅》："青梅用石灰水拌濕，手搓、翻一遍，隔宿將水添滿，泡一日，嘗酸澀之味當去七八，如未，即換薄灰水再泡，洗淨撈起，鋪開晾，略風乾（不可太乾，以致縐縮），每梅十斤，配鹽七八兩，先拌醃一宿，後加冰糖水令滿，隔三日傾出煎滾，加些洋糖，候冷，仍灌下，隔十日八日再傾再煎，裝瓶，久存不壞，日久或雨後發霉，即當再煎。醃薑同。"

九十六　醃鹹梅杏法

當梅杏成熟之時，擇其黃大有肉者，每斤配鹽四兩，先下點水，將鹽、梅（杏同）一齊下盆內，用手順順翻攪，令鹽化盡為度。每日不時攪之，切勿傷破其皮。上面用物輕輕壓之。三天后裝貯甕內，有病時吃之甚美。若欲晒乾，每斤只加鹽二兩五錢，醃壓六七天，取起晒之，晚用物壓之使扁。

疏

［清］佚名撰《調鼎集》卷一〇《梅·醃咸梅》："當梅成熟之時，擇其黃大有肉者，每斤配鹽四兩，先下少許，將梅、鹽一齊下盆，用手順着翻攪，令鹽化盡，每日不時攪之，切勿傷破其皮，上用物輕輕壓之，六七日取起，晒之，晚用物壓使扁。杏子同。"

新出蒜頭[1]，乘未甚乾實者更妙，去桿及根，用清水泡兩三天。嘗看辛辣之味，去有七八就好。如未，即再換清水再泡，洗淨撈起，用鹽水加醋醃之。若要吃鹹的，每斤蒜用二兩鹽、三兩醋，先醃二三日，纔添水至滿封貯，可久存不壞。倘要吃半鹹半甜，當灰水中撈起時[2]，先用薄鹽醃一兩天，然後用糖醋煎滾，俟①冷灌之。若太淡加鹽，不甜加糖可也。

①清嘉慶李氏萬卷樓再刻本、四川大學圖書館藏單刻本、《叢書集成初編》本作"候"。

注

【1】蒜頭：大蒜，為百合科蔥屬植

物的地下鱗莖。大蒜整棵植株具有強烈辛辣的蒜臭味，蒜頭、蒜葉（青蒜或蒜苗）和花薹（蒜薹）均可做蔬菜食用，不僅可做調味料，而且可入藥，是著名的食藥兩用植物。大蒜起源於中亞和地中海地區，漢朝時期被引種到中國，9世紀傳入日本和南亞地區，16世紀前葉在非洲和南美洲出現栽培。中國主要生產區有山東、江蘇、河南、四川、陝西等。

【2】灰水：也叫鹼水，鹼水是天然鹼，主要的成分是碳酸鈉和碳酸鉀。此處鹽（氯化鈉）醋（乙酸即醋酸）的混合液不是鹼水，所以此處的"灰水"，應該稱為"渾水"恰當些。

疏

［清］佚名撰《調鼎集》卷一《蒜·醃蒜頭》："新出蒜頭，乘未甚乾者，去幹及根，用清水泡兩三日，嘗辛辣之味，去有七八就好。如未，即將換清水再泡，洗淨再泡，用鹽加醋醃之。若用鹹，每蒜一斤，用鹽二兩，醋三兩，先醃二三日，添水至滿封貯，可久存不壞。設需半鹹半甜，於水中撈起時，先用薄鹽醃一二日，後用糖醋煎滾，候冷灌之。若太淡加鹽，不甜加糖可也。"

　　七八月時候，拔嫩水蘿蔔，揀五個指頭大的就好。不要太大，亦不可太老，以七八月正是時候。去梗葉根，整個洗淨，晒五六分乾，收起秤重。每斤配鹽一兩，拌揉至水出蔔軟，裝入罈內蓋密。次早取起，向日色處，半晒半風，去水氣。日過蔔冷，再極力揉至水出，蔔軟色赤，又裝入罈內蓋密。次早，仍取出風晒去水氣，收來再極力揉至潮濕軟紅，用小口罐分裝，務令結實。用稻草打直塞口極緊，勿令透氣漏風。將罐覆放陰涼地面，不可晒日。一月後香脆可吃。先開吃一罐完，然後再開別罐，庶不致壞。若要作小葉菜碟用，先將蘿蔔洗淨，切作小指頭大條，約二分厚，一寸二三分長就好，晒至五六分乾。以下作法，與整蘿蔔同。

疏

[清] 佚名撰《調鼎集》卷七《蔬菜部・白蘿蔔・醃蘿蔔乾》："七八月時候拔嫩水蘿蔔，揀五個指頭大的，不要太大的，亦不要太老，去梗葉，整個洗淨，晒五六分乾收起，稱重每斤配鹽一兩，勻拌揉軟出水，裝罈蓋密，次早取起，向有日處半晒半風，去水氣，日過俟冷，再極力揉至水出，揉軟色赤，又裝入罈，蓋；早仍取出風晒，去水氣，收來再極力揉至潮濕軟紅，用小口罈分裝，務令疊實，稻草打直塞口極緊，勿令透風漏雨，將罐覆放陰地，不可晒日，一月後香脆可用，食時用一罐，用完再開別罐，庶乎不壞，若再作小菜用，先將蘿蔔切小指大條，約二分厚，一寸二三分長，晒至五六分乾，以下作法與整蘿蔔同。"

九十九　醃落花生法

將落花生連殼下鍋[1]，用水煮熟，下鹽再煮一二滾，連汁裝入缸盆内，三四天可吃。

又法

用水煮熟，撈乾棄水，醃入鹽菜滷内，亦三四天可吃。

又法

將落花生同菜滷一齊下鍋煮熟，連滷裝入缸盆，登時可吃。若要出門，撈乾，包帶作路菜不壞。

按：後法雖較便，但豆皮不能擠去。若用前法，豆皮一擠就去，雪白好看。

【1】落花生：花生原名，是我國產量豐富、食用廣泛的一種堅果，又名長生果、泥豆、番豆等。花生宜氣候溫暖，生長季節較長，雨量適中的沙質土地區；在我國，山東生長最佳。

疏

［清］佚名撰《調鼎集》卷九《點心部·花生·醃花生》："落花生連殼煮熟，下鹽再煮一二滾，連汁裝入缸盆內，三四日可用。又，煮熟撈起，入鹽菜滷內，亦三四日可用。又，將花生同菜滷一齊下鍋煮熟，連滷裝入缸內，登時可用。若帶出門，包好，日久不壞。按：後法雖便，但其皮不能擠去，用前法一擠就出，雪白好看。"

　　整叢芥菜[1]，取來將菜頭老處，先行砍起另煮外，其菜身剖作兩半，若大叢的，當剖作四半，晒至乾軟（晾得兩天），收腳盆內。每菜十斤，當配鹽三斤（若要淡些，加二斤半亦可）。將鹽先撥一半，撒在菜內，以手揉至鹽盡菜軟，收入大桶內，上用大石壓之。過三天，先將淨腳盆安放平穩地方，盆上橫以木板，用米籃架上，將菜撈入籃內，上面仍用大石壓至汁出盡。一面將汁煮滾，候冷澄清；一面將菜纏作把子。將原留之鹽，重重配裝甕內。上面用十字竹板結之，以結實為要，纔將清汁灌下，以淹密為度[2]。甕口用泥封固。甕只可小的，不必太大。吃完一甕，再開別甕，久久不壞。

注

【1】芥菜：一年或二年生草本植物，種子黃色，味辛辣，磨成粉末，稱“芥末”，做調味品。按用途分為葉用芥菜（如“雪裏蕻”）；莖用芥菜（如“榨菜”）；根用芥菜（如“大頭菜”）。

【2】淹密：即淹滅，淹沒。

疏

［清］佚名撰《調鼎集》卷七《蔬菜部·芥菜·醃芥菜》：“整棵芥菜，將菜頭老處先行切起另煮，其菜身剖作兩半，若菜大剖作四半，晒至乾軟，晾過兩日，收腳盆中，每菜十斤配鹽三斤。要淡，二斤半亦可。將鹽一半先撒菜內，手揉軟，收大缸，面上用重石壓之，過三日，先將淨盆放平穩地方，盆上橫以木板，用米籃架上，將菜撈起入籃內，仍用重石壓至汁盡，一面將汁煎滾，候冷澄清，一面將菜肘作把子，將原留之鹽重重配裝入瓶甕，用十字竹板結之，最要捺實，再將清汁灌下，以淹密為度，甕口泥封，甕衹用小，不必太大，用完一甕，再開別甕，日久不壞。又，小滿前收醃芥入罈，可交新。”

做霉乾菜法【1】

　　將芥菜砍晒二日足，每十斤配鹽一斤，拌揉出汁，裝入盆內，用重石壓之六七天。要撈起時，用原滷擺洗去沙，晒極乾蒸之，務令極透。晾冷，極力揉軟，再晒再蒸再揉，四五次為度。纏作把子，收裝罈內，塞緊候用。或要蒸時，每次用老酒濕之，更為加料無比矣。

注

　　【1】霉乾菜：又名烏乾菜，是浙江紹興一種價廉物美的傳統名菜，也是紹興的著名特產。生產歷史悠久，主產於浙江紹興、台州、慈溪、余姚等地，是以雪裏蕻、九頭芥為原料做成的一種醃菜。廣東梅州稱"梅乾菜"。

疏

　　［清］佚名撰《調鼎集》卷七《蔬菜部・芥菜・霉乾菜》：“將菜晒兩日，每十斤配鹽一斤，拌揉出汁，裝盆重石壓，六七日撈起時，用原滷擺洗去沙，晒極乾蒸之，務令極透，晾冷揉軟，再晒再蒸再揉四次，肘作把子[1]，裝罈塞緊候用，或蒸時每次用老酒灌之。”

按

　　【1】肘：即“縮”之意。

取芥菜之旁芽、内葉並心尾二三節，晒兩日半。其心節當剖開晒，晒好切節，以寸為度。用清水比菜略多些，將水下鍋，煮至鍋邊響時下菜，用杓翻兩三遍，急取起，壓去水氣，用薑絲、淡鹽花[1]，作速合拌，收入磁罐内，裝塞極緊，勿令稀鬆。其罐嘴用芥葉滾水微盪過，二三重封固[2]。將嘴倒覆灶上二三時久，移覆地下，一周日開用。好吃鹹的，用鹽、醋、豬油或蔴油拌吃；好吃甜的，用糖、醋、油拌吃。

注

【1】鹽花：鹽組合的結晶體像盛開的花朵，即鹽霜、鹽細粒。李調元輯《南越筆記》卷一六《兩廣鹽》：“煮之則為熟

鹽，晒之則為生鹽也。生鹽浮游於面，不雜泥沙，其白如雪則為鹽花也。語曰'無雲而雨，有日而雪'。言厹水淋沙如無雲之雨也，日色烈而鹽花始白也。"

【2】二三重封固：參見《調鼎集》卷七《蔬菜部》"辣菜"條文字，此處應該是"加紙二三重封好"的意思。

疏

［清］佚名《調鼎集》卷七《蔬菜部·辣菜》："取芥菜之旁芽、内葉並心尾二三節，晒兩日半，其根須剖晒，切為寸段，用清水比菜略多，將水下鍋，煮至鍋邊有聲下菜，用杓翻兩三遍，急取起，壓去水氣，用薑絲、淡鹽花作速合拌，裝瓶塞口，勿令稀鬆，其瓶口用滾芥葉水燙過，加紙二三重封好，將口倒覆灶上，二三時後，移覆地下，一日開用。要鹹用鹽、醋、脂油或麻油拌；要甜用糖、醋、麻油拌。"

用白菜幫帶心葉，一併切寸許長下飯籬[1]，俟水將滾有聲時候落去，一抄取起[2]，晾乾，用好米醋和白糖，加細薑絲、花椒、芥末、蘇油少許，調勻，傾入菜內，拌勻，裝入罈。三四天可吃，甚美。

注

【1】飯籬：一種用篾或鐵絲織成的多孔笊籬（清李實《蜀語》曰："漉器曰笊籬。"），潮汕人用於撈飯，因而又叫飯籬。

【2】抄：即"焯"（chāo）之別字。焯，把蔬菜放在開水裏略微一煮就拿出來。

疏

〔清〕佚名撰《調鼎集》卷七《蔬菜部·甜辣菜》：
"白菜幫帶心、葉，一併切寸許長，俟鍋中滾有聲，將菜
一焯取起，晾乾，以米醋和洋糖、細薑絲、花椒、芥末、
麻油少許調勻，傾入菜內，拌好裝罈，三四日可用，
甚美。"

芥菜取心，不着水，掛晒至六七分乾，切作短條子，每十斤約用鹽半斤，好米醋三斤。先將鹽醋煮滾候冷，乃下生芥心拌勻，用磁瓶分裝，好泥封固，一年可吃。臨吃時，加油、醬等料。

疏

［清］佚名撰《調鼎集》卷七《蔬菜部·芥菜·經年芥辣菜》："芥菜心不着水，掛晒至六七分乾，切短條子，每十斤用鹽半斤，好米醋三斤，先將鹽、醋煮滾，候冷，下芥菜拌勻，磁瓶分裝，泥封一年可用，臨用加油、醬等料。"

一〇五 做香乾菜法 名窖菜

用生芥心併葉梗皆可，切短條子，約長寸許①（若嫩心即整枝用更妙，老的切不可下去）。如冬瓜片子樣，日晒極乾，淡鹽少許，揉得極軟，裝入小口罐內，用稻草打直塞緊，將罐倒覆地下，不必晒日，一月可吃。或乾吃，或拌老酒，或酸醋，皆美。按：鹽太淡即發霉易爛。每斤菜當加鹽一兩，少亦得七八錢。

校

①《叢書集成初編》本同。清嘉慶李氏萬卷樓再刻本、四川大學圖書館藏單刻本作"約寸許長"。

疏

〔清〕佚名撰《調鼎集》卷七《蔬菜部·香乾菜（一名"窖菜"）》："生芥心並

葉梗皆可，切段寸許長，嫩心即整棵用，老者揀去，如冬
瓜片子晒乾，淡鹽少許揉得極軟，裝入小口罈，用稻直塞
緊，將罐倒覆地下，不必日晒，一月可用。或乾用，或拌
老酒，或醋皆可。鹽太淡即發霉，每斤菜加鹽一兩，少亦
六七錢。"

一〇六　做甕菜法

　　每菜十斤，配炒鹽四十兩。將菜、鹽層層隔鋪，揉勻入缸，醃壓三日，取起就好。入盆內手揉一遍，換過一缸，鹽滷留用。過三日又將菜取起，再揉一遍，又換一缸，留滷候用。如是九遍，乃裝甕內。每層菜上，各撒①花椒、小茴香，如此結實裝好。將留存菜滷，每罈入三碗，泥封，過年可吃，甚美。

　　按：留存菜滷，若先下鍋煮數滾取起，候冷澄清去渾底，然後加入，更妙。

校

　　①清嘉慶李氏萬卷樓再刻本同。四川大學圖書館藏單刻本、《叢書集成初編》本作"灑撒"。

疏

　　［清］佚名撰《調鼎集》卷七《蔬菜部·甕菜》："每菜十斤，配炒鹽四十兩，將鹽層層隔鋪揉勻，入缸醃壓三日取起，入盆手揉一遍，換缸，鹽滷留用，過三日又將菜取起，再揉一遍，又換缸，留滷候用，如是九遍，裝甕，每層菜上各撒花椒、小茴香，如此結實裝好，將留存菜滷每罈入三碗，泥封，過年可用，甚美。留存菜滷若先下鍋煮滾，取起候冷，澄去渾底加入，更妙。"

《醒園錄》注疏

236

一〇七　做香小菜法

　　用生芥心或葉並梗皆可，先切碎約一寸長，日晒極乾，加鹽少許，揉得極軟，裝入罐內，以好老酒罐下作汁，封口付日中晒之。如乾，再加酒。

疏

　　［清］佚名撰《調鼎集》卷七《蔬菜部·香小菜》："用生芥心或葉並梗皆可，先切一寸長晒乾，加鹽少許，揉得極軟裝罈，以老酒灌下作汁，封口日晒，如乾再加酒。"

一〇八 做五香菜法

每十斤菜，配研細淨鹽六兩四錢。先將菜逐葉披開，桿頭厚處撕碎，或先切作寸許，分晒，至六七分乾，下鹽揉至發香極軟，加花椒、小茴、陳皮絲，拌勻，裝入罈內，用草塞口極緊，勿令洩氣為妙。覆藏勿仰，一月可吃。

疏

[清] 佚名撰《調鼎集》卷七《蔬菜部·五香菜》："每菜十斤，配鹽研細六兩四錢，先將菜逐葉披開，梗頭厚處亦切碎，或先切寸許，分晒至六七分乾，下鹽揉至發香極軟，加花椒、小茴、陳皮絲拌勻裝罈，用草塞口極緊，勿令透氣，覆藏勿仰，一月可用。"

一〇九 攬芥末法

用將滾之水，調勻得宜，蓋密置灶上，略得溫氣，半日後，或隔宿開用。

疏

［清］佚名《調鼎集》卷一《諸物鮮汁·制芥辣》："三年陳芥子碾碎入碗，入水調，厚紙封固少頃，用沸湯泡三五次，去黃水，覆冷地，俟有辣氣，加淡醋充開，濾出渣，入細辛二三分更辣。又，芥子研碎，以醋一盞及水調和，濾去渣，置水缸冷處，用時加醬油、醋。又，將滾之水調勻得宜，蓋密，置灶上，略得溫氣，半日後或隔宿開用。"

按

《醒園錄》只抄了後一句，語意不明。

一一〇 煮菜配物法

芥菜心，將老皮去盡，切片，用煮肉之湯煎滾，放下煮一二滾，撈起，置冷水中泡冷，取起，候配物同煮至熟，其青翠之色仍舊，也不變黃，亦不能過爛，甚為好看。

疏

［清］佚名《調鼎集》卷七《蔬菜部·煮菜配物》："芥菜心，將老皮去盡，切片，用煮肉之湯煮滾，下菜煮一二滾，撈起，置水中泡冷，取起，候配物同煮至熟。其青翠之色，舊也不變，黃亦不過，甚為好看。"

《醒園錄》注疏

240

用整白菜，下滾湯盪透就好，不可至熟，取起。先時收貯煮麵湯，留存至酸，然後可盪菜裝入罈內，用麵湯灌之，淹密為度，十多天可吃。要吃時，橫切一箍[1]。若無麵湯[2]，以飯湯作酸亦可[3]。

又法

將白菜披開切斷，入滾水中只一盪取起（要取得快纔好），即刻入罈，用盪菜之水灌下，隨手將罈口封固，勿令洩氣。次日即可開吃，菜既酸脆，汁亦不渾。

注

【1】橫切一箍：箍，音 gǔ，緊束器物的圈，或用竹篾或金屬條束緊器物。這裏指用手握住整棵酸白菜，橫切一刀，恰

似一箍圈。

【2】 麵湯：煮過麵的水。

【3】 飯湯：煮瀝米飯留下的米湯。

疏

〔清〕佚名撰《調鼎集》卷七《蔬菜部·酸菜》介紹了酸菜三種做法，其二法曰："又。用整白菜下滾水一焯，不太熟取起。若先用時，收貯用煮麵湯，其味至酸，將焯菜裝罈，麵湯灌之，淹密為度，十日可用。若無麵湯，以飯湯作酸亦可。"其三法："又，將白菜披開，切斷入滾水一焯取起，要取得快纏好，即刻入罈，用焯菜之水灌下，隨手將罈口封固，勿令洩氣，次日可開用。菜既酸脆，汁亦不渾。"

芹菜，揀嫩而長大者，去葉取桿，將大頭剖開作三四瓣，晒微乾桿軟，每瓣取來纏作二寸長把子，即醃入吃完醬瓜之舊醬內。俟二十日可吃。要吃時取出，用手將醬擄淨[1]，切寸許長，青翠香美。不可下水洗。若無舊醬，即將纏把芹菜，每斤配鹽一兩二錢，逐層醃入盆內，二三天取出，用原滷洗淨，晒微乾，將醃菜之滷，澄清去渾腳，傾入醬瓜黃內（醬黃，即東洋醬瓜所用，已見前），泡攪作醬，醬與芹菜對配，如醬瓜法。層層裝入罈內，封固，不用晒日，二十天可吃矣。

注

【1】擄（shū）：散佈，抒發。這裏指用手將醬芹菜上粘的醬抹淨。

疏

[清] 佚名撰《調鼎集》卷七《蔬菜部·芹菜·野芹菜》："芹菜揀嫩而長大者，去葉取梗，將大頭剖開作三四瓣，晒微乾揉軟，每瓣纏作二寸長把子，即用醬過醬瓜之舊醬醬之，二十日可用。要用時取出，用手將醬擄去，加切寸許長，青翠香美。不可下水洗，水洗即淡而無味。如無舊醬，即將纏把芹菜，每斤配鹽一兩二錢，逐層醃入盆內，兩三日取出，用原滷洗淨，晒微乾，將醃菜之滷澄去渾腳，傾入醬瓜黃內（醬黃，即東洋醬瓜仍用之醬黃），包攪作醬，醬、芹菜對配，如醬瓜法，層層裝入罈內封固，不用日晒，二十日可用矣。"

一一三 醃黃小菜法

用黃芽白菜整個[1]，水洗淨，掛繩上，陰半乾，以葉黃為度。切斷約五分長，用鹽揉勻，隔宿取出，擠去菜汁，入整花椒、小茴、橘皮、黃酒拌勻（不可過鹹，亦不可太濕），裝入小罐封固，三日後可吃。若要久放，必將菜汁去盡，乃不變味。

注

【1】黃芽白菜：李家瑞《北平風俗類徵·飲食》引《廣群芳譜》曰："白菜一名'菘'，北方多入窖內，不見風日，長出苗葉，皆嫩黃色，脆美無比，謂之'黃芽'，乃白菜別種。"《光緒順天府志》："黃芽菜為菘之最晚者，莖直心黃，緊束如捲，今土人專稱為白菜。蔬食甘而脆，

作鹹虀尤美，其根宿在土中，至春續生苗，土人謂之唐白菜，蔬食亦佳。"徐珂《清稗類鈔》："京師黃芽菜亦甚佳，而不及山東、河南之巨，市菜者，以刀削平其葉，置之案，八人之案，僅置四棵耳，可稱碩大無朋矣，以此菜醃作冬虀，頗脆美。"

疏

[清] 佚名撰《調鼎集》卷七《蔬菜部·黃芽菜·醃黃芽菜》："整棵黃芽菜洗淨，掛繩陰半乾，以葉黃為度，切五寸長，用鹽揉勻，隔宿取出，擠去汁，入整花椒、小茴、橘皮、黃酒拌勻，不可過醃，亦不可太濕，裝小罈封固，三日後可用，若欲久放，必將菜汁去盡，仍不變味。"

一一四 製南棗法

用大南棗十個[1]，蒸軟去皮核，配人
參一錢，用布包，寄米飯中蒸爛，同搗
勻，作彈子丸收貯，吃之補氣。

注

【1】南棗：浙江傳統特產。採用優
質青棗精製而成。有淌江紅棗和原紅蜜棗
兩種。皮色烏亮透紅，花紋細緻，肉質金
黃，個大均勻，為棗中之珍品。主產於義
烏、東陽、淳安、蘭溪等縣（市），尤以
義烏南棗最為馳名。"日吃三個棗，一生
不易老"，這民諺在義烏流傳日久。南棗
是義烏特有的名貴產品，清乾隆時，曾列
為貢品，故有"貢棗"之稱。

疏

［清］趙學敏著《本草綱目拾遺》卷

七"南棗"條："棗參丸　《醒園録》：'用大南棗十枚，蒸軟去皮核，配人參一錢，布包，藏飯鍋內蒸爛，搗勻為丸，如彈子大，收貯用之，補氣最捷。'"

　　［清］佚名撰《調鼎集》卷九《點心部·製南棗》："大南棗十個，蒸軟去皮核，配人參一錢，布包擱飯鍋架中蒸，蒸爛搗勻，作彈丸收貯，用之補氣。"

一一五 仙菓不飢方

　　大南棗一片①，好柿餅十塊，芝麻半
斤（去皮炒），糯米粉半斤（炒），將之蔴
先研成極細末候用[1]。棗、柿同入，在飯
中蒸熟，取出去皮核子蒂，搗極爛，和
蔴、米二粉②，再搗匀，作彈子丸，晒乾
收貯。臨饑時吃之。若再加人參，其妙又
不可言矣。

校

　　①清嘉慶李氏萬卷樓再刻本、四川大
學圖書館藏單刻本、《叢書集成初編》本
作"斤"。以斤為是，手民之誤。

　　②清嘉慶李氏萬卷樓再刻本、四川大
學圖書館藏單刻本同。《叢書集成初編》
本作"二分"，以"二粉"為是。

注

【1】 之蕪：即“芝麻”。

疏

　　[清] 趙學敏著《本草綱目拾遺》卷七“南棗”條：“仙果不饑方　《醒園録》：‘大棗一斤，好柿餅十塊，芝麻半斤去皮炒，糯米粉半斤炒，將芝麻研成細末。棗、柿同入飯中，蒸熟取出，去皮核子蒂，搗極爛，和麻、米二粉，再搗匀為丸，晒乾收貯，加參更妙。’”

　　[清] 佚名撰《調鼎集》卷九《點心部·製南棗》：“大南棗十個，蒸熟去皮核，配人參一錢，布包擱飯鍋架中蒸，蒸爛搗匀，作彈丸收貯，用之補氣。又大南棗一斤，好柿餅十個，芝麻半斤去皮，炒糯米粉半斤，炒芝麻研成細末。棗、柿同入飯中蒸熟，取出皮核子蒂，搗極爛，和麻、米二粉再搗匀，作丸晒乾收貯，臨饑用之。”

糯米一升，淘洗淨潔，候乾，炒黃研極細粉。用紅棗肉三升（約六斤重）^①、水洗蒸熟，去皮核，入石臼內，同米粉搗爛，為大丸，晒乾，滾水沖服。

校

① 《叢書集成初編》本同。清嘉慶李氏萬卷樓再刻本、四川大學圖書館藏單刻本作"（約五六斤重）"。

一一七　行路不吃飯自飽法

芝麻一升（去皮炒），糯米一升，共研為末。將紅棗一升，煮熟和為丸，如彈子大。每滾水下一丸[1]，可一日不饑。

【1】 每滾水下一丸：即以滾水沖服。

一一八　米經久不蛀法

用蟹兜安放米内[1]，則經久不蛀。

注

【1】蟹兜：即"蟹殼"。

疏

［清］佚名撰《調鼎集》卷八《飯粥單·米》其中介紹貯的方法之一："入蟹殼於米内不蛀。"

一一九　藏橙橘不壞法

將橙橘藏菉豆中，經久不壞。

一二〇　西瓜久放不壞法

用綿紗鋪地，令厚，置瓜其上，可以久放。安①：橙、橘等及瓜安放之處，俱不可見酒。

注

①清嘉慶李氏萬卷樓再刻本、四川大學圖書館藏單刻本、《叢書集成初編》本俱作"按"。

一二一 抱鴨蛋法[1]

用草籠或竹籠，裝稻穀礱糠[2]，將蛋埋在糠內，蓋密，放熱炕上，微微烘之就好，不可過熱。隔五天，煎一盆滾水，拌晾至不盪手微溫[3]，將蛋取出，下水泡一盃茶久，撈起擦乾，仍舊安排糠內。過五天，做此再盪。二十多天自然出殼，不用打破。

仙鶴之蛋，亦用此法抱之。但當先用棉花厚包，纔埋糠內。餘同。

注

【1】抱：即"菢"。清李實注《蜀語》曰："雞伏卵曰菢。菢音抱。"伏，今寫作"孵"（fū）。

【2】礱糠："礱糠"之誤。

【3】盪手：即"燙手"。

疏

　　［清］佚名撰《調鼎集》卷四《羽族部·鴨蛋·抱鴨蛋》："用草籠或竹籠裝礱糠，將蛋埋糠內蓋密，放熱炕上微微烘之，不可過熱。隔五日，煎一盆水攪涼，至將蛋取出，泡一盃茶久撈起，擦乾，仍安排糠內。過五日，倣此再燙。二十多日出殼，不用打破。仙鶴之蛋亦用此抱之，但當先用棉花厚包纏埋糠，餘同。"

附録

美國哈佛燕京圖書館藏清光緒八年（1882）

廣漢鍾登甲『樂道齋』仿萬卷樓刻《函海》

刊本《醒園録》書影

醒園錄序

居家宜儉也，而待客則不厭豐。食宜淡也，而事

親則不可不濃。此先大夫醒園之所由作也。先大夫

自諸生時疏食菜羹，不求安飽。然事

備極甘旨，至于宦遊所到，多吳越、南珍之卿、厨人進

而甘焉者，隨訪而誌諸冊，不假抄胥手自繕寫，歷

數十年如一日矣。夫禮詳內則，養老有滫瀡、母之

別奉親有飴蜜、滫瀡之和，極之蝸范蜮螺之細，芝楠

慈薤之微，棗栗擇削瓜鐖梨之事，罔不備舉寧獨

大者，軒細者臘冬行醨夏行腏，委曲詳載爾乎夫飲

醒園錄

食非細故也易警臘毒書重鹽梅烹魚則詩羨誰能
胹熊則傳懲口實是故箋銘之作不遺盤盂知味之
喻更嘆能鮮誤食蟛蜞者猶讀爾雅不熟雪桃以黍
者亦未聆家語之訓平在昔賈思勰之要術遍及齊
民近即劉青田之多能豈真鄙事茶經酒譜足解嘲
愁鹿尾蟹螯蝐恨不同載夫豈好事益亦有意存焉是
錄偶然涉肇不言著述而著述莫大焉時一恭展儼
然見　先大夫之精神如在而菽粟之味獨留家風
猶憶醒園不膺隨　先大夫後捧匜進爵陪　笑於
先大父母之側也不敢久閉笈笥乃壽諸梓書法

行欵悉依墨妙點竄塗抹援刻魯公爭座位例各存

其舊亦謂父之書手澤存焉耳然而言及此已不禁

淚涔涔如綆縻矣童山李調元序

封鴨法　　　　　　　　　假燒雞鴨法

頃刻熟雞鴨法　　　關東煮雞鴨法

食鹿尾法　　　　　　食熊掌法

炒野味法　　　　　　煮燕窩法

煮魚翅法　　　　　　煮鮑魚法

煮鹿筋法　　　　　　炒鱔魚法

頓脚魚法　　　　　　醉螃蟹法

醉魚法　　　　　　　糟魚法

頃刻糟魚法　　　　　做魚鬆法

酥魚法　　　　　　　蝦羹法

《醒園錄》注疏

266

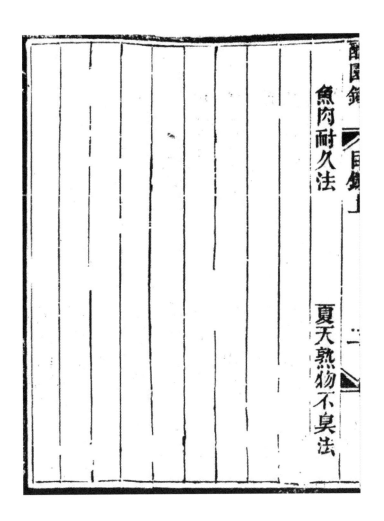

醒園錄　　目錄

魚肉耐久法　　　　　　　　夏天熟物不臭法

二

羅江　李化楠　石亭手抄

作米醬法

用飯米舂粉澆水作餅子放蒸籠內蒸熟候冷

鍤草蓋草加扁七日過取出晒乾刷毛不用舂

碎每斤配鹽四兩水十大碗鹽水先煎滾候冷

澄清泡黃攪爛約五六日後用細篩磨擦下落

盆內付日中大晒四十日收貯聽用　按此黃

雖係飯米一經發黃肉中鬆動用水一泡加以

早晚翻攪安有不化之理似可不用篩磨以省

沾染之費更爲捷便

又法

用糯米與飯米對配作法同前

又法

白米不論何米江米更妙用滾水煮幾滾帶生
撈起不可大熟蒸飯透熟不妙取起用蓆攤開
寸半厚候冷上面不拘用何東西蓋密至七日
過晒乾總以毛多爲妙如遇好天氣用冷茶温
拌濕再晒乾每米黃一斤配鹽半斤水四斤鹽
水煮滾澄清去渣底候水冷將米入於鹽水內

晒至四十九日不時用竹片攪勻倘日氣太大

晒至期過於乾者須用冷茶湯和勻不用俟四

十九天之後將米并水俱收起磨極細即米醬

矣或用細篩擦以後或仍晒或蓋密置於當日

處俱可如醬乾些可加冷茶和勻再晒瓦要攪

時當看天氣清亮方可動手若遇陰天不必打

破醬面

作甜醬法

白麵十斤以滾水做成餅子不可太厚中挖一

孔令其透氣蒸熟於煖房內上下用稻草鋪排

第四十四

草上加蓆放麵餅於上覆以蓆子勿令見風俟

七日後發黃取出候冷晒乾每十斤配鹽二斤

八兩用滾水泡半日候冷澄清去渾底下黃時

以木扒子打攪令爛每早未出日時翻攪極透

晒至紅色用磨磨過放大鍋內煎之每一鍋放

紅塘一兩不住手攪熬至顏色極紅為度篜入

鐔內俟冷封口仍放日地晒之鮮美味佳　醬

醬晒至紅色後可以不用磨只在合鹽水時攪

打用手擦摩極爛或將黃先行杵破粗篩篩過

以鹽水泡之自然融化兼可不用鍋內煎只用

大盆盛置鍋內隔湯煮之亦加紅糖不住手攪

至紅色裝起似略簡

又法　做清醬亦用此黃見後條

先用白飯米泡水隔宿撈起舂粉篩就晒乾或

碎米亦好炙用黃豆洗淨可配約十五斤麥麵一斗和水

水滿鍋慢火煮至一日歇火悶蓋隔宿次早連

計取出大盆內同麵拌勻用手揣揉聚成魂子

鋪排草蓆上仍用草蓋住至霉少七天多十天

取出擺開晒乾刷去黃毛杵碎與鹽對醋和勻

裝入盆內每黃一斤配好西瓜六斤削去青皮

第四十函

用木板架於盛黃盆上刮開取瓢揉爛帶汁子

一併下去白皮切作薄片仍用刀橫札細碎攪

匀此醬所重者瓜汁一點勿輕棄將盆開口付

日中大晒日攪四五次至四十日裝入罎內聽

用若要作菜碟下稀飯單用者候一個月時另

取一小罎用老姜或嫩姜切絲多下加杏仁去

皮尖用豆油先煮至透攪匀再晒十多天收貯

可當淡豉之用

又法

每斗黃豆酛乾白麵十五斤先用鹽滾水泡化

澄去沙底晒乾淨重十二斤將豆下大鍋水配

滿煮至一天歇火收蓋隔宿炙早連汁取入大

盆內仝乾麵拌勻用手攝起排蘆蓆上草蓋令

發霉少七天多十天取出擺開晒乾研碎下缸

將鹽泡水和下欲乾水少些欲稀水多些日晒

每早用棍子攪翻十天或半月可用　按此法

用多水依後方作醬油亦佳

作麵醬法

用小麥麵不拘多少和水成塊切作片子約厚

四五分蒸熟先於空房內用青蒿鋪地蘖亦可
或鮮荷

加用乾稻草或穀草上面再鋪蓆子然後將蒸

熟麵片鋪排草蓆上鋪畢復用穀稻草上加蓆

子蓋至半月後變發生毛（亦有七日者）取出晒以

透為度將毛刷去用新磁器收貯候用臨日時

研成細麵每十斤配鹽二斤半應將大鹽預先

研細全淨水煎滾候冷澄清去渾脚和黃入缸

或加紅塘亦可以水較醬黃約高寸許為度乃

付大日中晒月餘每早日出時翻攪極透自成

好醬

又法

重羅白麵每斗得黃酒糟一飯碗泛麵做劑子

如一斤一箇蒸熟晾冷拾成一堆用布包袱蓋

好十日後皮作黃邑內泛起如鋒窩眼爲度分

開小塊晒乾用石碾碾爛汲新井水調和不乾

不濕還可抓成團每麵一斗約用鹽四斤六兩

調勻下缸大晴天晒五日卽泛漲如粥醬皮有

紅邑如油用木扒兜底掏轉仍照前一斗之數

再加鹽三斤半調和後按五日一次掏轉晒至

四十五日卽成醬可食矣切忌醬晒熱時不可

亂動

做清醬法

黑豆先煮極爛撈起候略溫加白麵拌勻每豆一斗

配麵三斤多擺開有半寸厚上用布蓋密不拘不過五斤

蓆草皆可候發霉生毛至七天過晒乾天氣熱

不過五六日涼不過六七日為期總以生毛多

妙不可使爛如遇好天氣用冷茶湯拌濕再晒

乾用茶湯拌者欲其味甘不拘幾次越多越好每豆黃一斤配鹽十

四兩水四斤鹽同水煮滾澄清去渾底晾冷將

豆黃入鹽水內泡晒至四十九日如要香可加

香蕈大茴花椒薑絲芝蔴各少許撈出二貨豆

渣合鹽水再熬酌量加水加〔每水一斤〕再撈出三

貨豆渣再加鹽水再熬去渣然後將一二次之〔加鹽水二三兩〕

水隨便合作一處拌勻或再晒幾天或用糠火

薰滾皆可其豆渣尚可作家常小菜用也　按

豆渣晒微乾加香料即可作香豆豉詳見豆豉

類

又法

每揀淨黃豆一斗用水過頭煮熟豆色以紅為

度連豆汁盛起每斗豆用白麵二十四斤連湯

豆拌勻或用竹邊及柳邊分盛攤開泊按實將

邊安放無風屋內上覆蓋稻草黴至七日後去

草連邊搬出日晒晚間收進次日又晒足十

四天如遇陰雨須補足十四天之數總以極乾

爲度此作醬黃之法也黴好醬黃一斗先用井

水五斗量準注入缸內再每斗醬黃用生鹽十

五斤稱足將鹽盛在竹籃內或竹淘籮內在水

內溶化入缸去其底下渣滓然後將醬黃入缸

晒三日至第四日早用木扒兜底搲轉切不可

動又過二日如法再打轉如是者三四次晒至

二十天卽成清醬可食矣至逼清醬之法以竹

絲編成圓筒有週圍而無底口南方人名醬篘

京中花兒市有賣并蓋缸篾編箸絮大小缸蓋

俱可向花兒市買臨逼時將醬篘置之缸中俟

篘坐實缸底時將篘中渾醬不住挖出漸漸見

底乃以篘上用磚頭一塊壓住以防醬篘浮起

缸底流入渾醬至次旱啓蓋視之則篘中俱屬

清醬可用碗緩緩挖起另住潔淨缸罈內仍安

放有日邑處再晒半月罈口須用紗或麻布包

好以防蒼蠅投入如欲多做可將豆麵水鹽照

數加增清醬已成未篘時先將浮面豆渣撈起

第四十函

又法

一半晒乾可作香豆豉用

將前法醬黃整塊者是也已見前篇醬黃即做醋醬所用先用飯

候冷逐塊溫濕晒乾如法再搵再晒日四五度

若日炎可乾六七次更妙至赤色乃止黃每斤

配鹽四兩水十大碗鹽水先煎滾澄清候冷泡

醬黃付日大晒乾即添滾水至原泡分量爲準

不時略攪但勿攪破醬黃塊耳至赤色將滷瀝

起下鍋加香蕈八角茴花椒蕊用芝蔴盛之俱整

同前三四滾加好老酒一小瓶再滾裝入礶內

聽用其渣再酌量加鹽煎水如前法再晒至赤

色下鍋煎數滾收貯以備煮物作料之用

做麥油法　即清醬

將小麥洗淨用水下鍋煮熟悶乾取起鋪大扁

內付日中晒之不時用快子翻攪至半乾將扁

抬入陰房內上面用扁蓋密三日後不天氣大

太熱麥氣大旺日間將扁揭開夜間仍舊蓋密

若天不熱麥氣不甚旺盛不過日間將扁脫開

縫就好倘天氣雖熱而麥氣不熱即當密蓋為

是切毋泄氣至七日後取出晒乾若一斗出有

醒園錄 卷二 八

加倍即為盡發將作就麥黃不必如作豆油以

飯泔漂晒即帶菜毛每斤配鹽四兩水十大碗

鹽水先煎滾澄清候冷泡麥黃付大日中晒至

乾再添滾水至原泡分量為準不時略攪至赤

色將滴濾起下鍋內加香蕈八角茴香俱整芝蘇蕊用

盛之同煎三四滾加好老酒一小瓶再滾裝入

口袋聽用其渣再酌量加鹽煎水如前法再至

罐內

赤色下鍋煎數滾收貯以備煮物作料之需

又法

做麥黃與前同但晒乾時用手搓摩揚簸去霉

附
錄

283

磨成細麵每黃十斤配鹽三斤水十斤鹽用水

煎滾澄去渾脚合黃麥做一大塊揉得不硬不

軟如餑餑樣就好裝入缸內蓋藏令發次日掀

開用一手棒水節節洒下付日大晒一天加水

一次至用棍子可攪得活就止卽或遇雨不

至生蛆

醬不生蟲法

用芥子研碎入豆醬內不生蟲或用花椒亦可

醬油不用煎

醬油濾出上甕將无盆蓋口以石灰封好日日

晒之倍勝於煎

做醬諸忌

一下醬忌辛日一防不潔淨身子眼日一忌缸
鐔泡洗未淨一防生雨點入缸內一醬晒得極
熱時不可攪動晬間不可卽蓋遇應攪之日務
於清早上蓋必待夜靜涼冷下雨時缸蓋亦當
用棍撐起若悶住恐翻黃

做醬用水

須臘月內擇極涼日煮滾水放天井空處冷透
收存待夏泡醬及油用此臘水最益人又不生

蛆蟲且經久不壞又云造醬要三熟謂熟水調

麵蒸熟麵餅熟水浸鹽也每黃十斤配鹽三斤

水十斤乃做醬一定之法斟酌加減隨宜而用

水內入鹽須攪過二三次澄清用竹籬林過去

盡泥脚試鹽水之法將鷄蛋下去浮有一指高

卽極鹹矣

做香豆豉法

每豆一斗用過頭水煮熟將水遍乾用白麵二

十斤拌匀黴法與上做清醬同黴好用杏仁瓜

子仁姜絲紫蘇八角茴香小茴香花椒白糖陳

第四十函

皮瓜塊燒酒內陳皮須煮出苦水拌勻盛潔浮磁甆內將

瓶口泥好晒至一月即成香豉矣　若有前方

清醬之餘豆則此方之黃可以不用另做

又法

預備黑豆水煮熟晾微乾收藏空房內蓋密發

黃至半個月取出晒乾揚去綠衣每日用清冷

飯滾湯拌濕令透晒極乾再拌再晒不拘日數

總以豆顆鬆破爲準或夜開漂露更妙晒極乾

淨重五斤大杏仁二斤半水可水浸勿搖動去皮

尖晾乾用久陳皮四製的亦可老姜連皮切細

絲腊以上儕齊總稱若千重欲淡每十兩配隨

微乾

一兩欲鹹每十兩配鹽二兩或一兩五錢臨合

時用西瓜汁泡化澄清去砂脚和入初炙總合

諸料時用大西瓜二枚取肉汁子揉爛和入當

記得留汁泡大晒至極乾再下一枚和入再晒

鹽去沙為要

至極乾然後另用家蘇葉一兩薄荷葉一兩厚

川貝母一兩　密桔梗一兩半

樸一兩半　甘草一兩　烏梅肉二兩　小茴香一兩

美汁炒　　人水二十碗煎至十

二碗濾出頭汁再入水前約渣水十五碗煎至

八碗去渣二汁合拌前料晒乾再另用大粉草

八錢　家紫蘇八錢　薄荷八錢　小茴八錢　大茴八

錢　川貝母五錢　砂仁六錢　花椒六錢　柿霜二兩

各研細末拌入和好老酒拌濕令透當令有餘

瀝以為晒日乾燥地步迫晒去餘瀝不致乾燥

用小口磁罐裝貯布塞極緊勿使漏氣輪轉晒

二十天若太濕晒至一月可用罐口或用猪尿

包或泥封固均可若藏久太乾當用老酒拌濕

再晒幾天自然再潤　又云若要自用西瓜用

三次更妙倘要賣的西瓜只用一次藥汁中加

烏糖八兩亦可瓜用三次者初次之瓜只單取

汁子肉不用至二三次纏將瓜瓢切作指頭大

塊　按所配藥料不無太輕意當以加倍為妥

拌酒之法每豆豉一

斤加老酒四兩八錢

做水豆豉法

做就黑豆黃十斤配鹽四十兩金華甜酒十碗

先用滾湯二十碗泡鹽作滷候冷澄清將黃下

缸入鹽水併酒晒四十九日下大小茴香紫蘇

葉薄荷葉各一兩剉粗末甘草粉陳皮絲各一

兩花椒一兩乾薑絲半斤杏仁去皮尖一斤各

料和入缸內再攪晒二三日用罈裝起泥封固

第四十

隔年吃極妙蘸肉吃更妙　按陳椒姜杏四味

當同黃一齊下晒　或候晒至二十多天下去亦

可若待隔年吃之即當照原法晒爲妥

又法

酸就豆黃一斤好西瓜瓢一斤好老酒一斤鹽

半斤先用酒將鹽澆化澄沙合黃與瓜瓢攪匀

裝入罈內封固侯四十天可吃不晒日

豆腐乳法

將豆腐切作方塊用鹽醃三四天出晒兩天置

蒸籠內蒸至極熟出晒一天和便醬下酒少許

蓋密晒之或加小茴末和晒更佳

醬豆腐乳法

前法麵醬黃做就研成細麵用鮮豆腐十斤配

鹽二斤切成扁塊一重鹽一重豆腐醃五六天

撈起留滷候用將豆腐鋪排蒸籠內蒸熟連籠

置空房中約半個月候豆腐變發生毛將毛抹

倒微微晾乾再稱豆腐與黃對配乃將留存腐

滷澄清去渾腳泡黃成醬一層豆腐一層醬一

層香油加整個花椒數顆層層裝入罈內泥封

固付日中晒之一月可吃香油卽蘇油每斤可

又法

四兩爲準

先將前法做就麵黃研成細麵用鮮豆腐十斤

配鹽一斤半豆腐切作小方塊一重鹽一重豆

腐醃五六天撈起鋪排蒸籠內蒸熟連籠置室

房中約半個月俟豆腐變發生毛將毛抹倒晾

微乾一層醬麵一層豆腐裝入罈內仍加整花

椒數顆逐塊皆要離曬不可相挨中留一大孔

透底裝滿上面仍用醬麵厚厚蓋之以好老酒

作汁灌下封密日曬一個月可用

将冬天所冻豆腐放背阴房内候次年冰水化

尽入大磁瓮内埋背阴土中到六月取出會食

真佳品也

做米醋法

赤米不用舂洗净蒸饭拌麯发香用水或用酒

澆皆可發越久越好乃將酒渣節節添入酒水

熬桶侯月餘可用如有發霉用鉄火鍼燒極紅

尾

淬之每日一二次仍連罈取出晒之

又法

糯米一斗浸過夜取出蒸熟成飯晾冷透装入

鐔內三日酸透入涼水三十斤用柳條每日攪

數次七日後不須攪過一月不動俟其成醋瀝

去糟柏入花椒黃柏少許煎數滾收鐔內聽用

極酸醋法

五月五時用做就粽子七个每个內各夾白麵

一塊外加生艾心七个紅麴一把合為一處裝

入甕內用井水灌之約七八分滿就好甕口以

布塞得極緊置背陰地方候三五日過早晚用

棍子攪之嘗看至有醋味然後用烏糖四五圓

打碎和燒酒四五壺隔湯頓至糖化取起候冷

傾入醋內早晚仍不時攪之候極酸了可用要

用時取起醋汁一罐換燒酒一罐下去永吃不

完酸亦不退

千里醋法

烏梅去核一斤以釅醋五升浸一伏時晒乾再

浸再晒以醋收盡為度醋浸蒸餅和之為丸如

芡實大欲食時但投一二九於湯中即成好醋

矣

焦飯做醋法

蒸飯後鍋底鏟起焦飯俗名鍋巴投入白水罈

裝罱近火煖熱處時常用棍子攪之七日後便

成醋矣　凡酒酸不可飲者投以鍋巴依前法

作醋用紹興酸酒更好

醃火腿法

每十斤猪脚配鹽十二兩極多加至十四兩將

鹽炒過加皮硝未少許乘猪鹽兩熱擦之令匀

置大桶內上面用大石壓之五日一翻候一個

月將腿取起晾於風處四五個月可用

又法

金華人做火腿每斤猪脚配炒鹽三兩或云原方配六

兩不無太鹹用手將鹽擦完石壓之三天取出用手

極力揉之肉軟爲度翻轉再壓再揉至肉軟如

棉取出掛之風處約當於小雪後起至立春後

方可掛風不凍

醃猪肉法

每猪肉十斤配鹽一斤肉先作條片用手掌打

四五次然後將鹽炒熱擦上用石塊壓緊俟夾

日水出下硝少許一天翻一天醃六七天撈起

夏天晾風冬天晒日均俟微黃收用

又法

第四十函

先將豬肉切成條片用冷水泡浸半天或一天

撈起每肉一層配稀薄食鹽一層裝入盆內上

面用重物壓之蓋密永勿撼動要用照前法用鹽浸過三

起仍留鹽水　若要薰吃照前法用鹽浸過三

天撈起晒微乾用甘蔗渣同米佈放鍋底將肉

鋪排籠內蓋密安置鍋上粗糠慢火焙之以蔗

米烟薰入肉內油滴下味香取起掛於風處

要用時白水微煮甚佳

醃熟肉法

凡有事餘剩之熟雞豬等肉欲久留以待各雞

恆燉肉法

當破作兩半豬肉切作條子中間剖開數刀用
鹽於內外及剖縫處搓得極勻但不可太鹹裝
入盆內用蒜頭搗爛和好米醋泡之以石壓其
上一日須翻一遍二三日撈起晾略乾將鐵鍋
抬起用竹片搭十字架於灶內或鐵絲編成更
妙將肉鋪排竹上仍以鍋覆之塞勿出烟灶內
用粗糠或濕甘蔗粗生火薰之灶門用磚堵塞
不時翻轉總以乾香為度取起收入新鐔內口
蓋緊過火不壞而且香

新鮮肉一斤刮洗淨入水煮滾一二次即出刀

改成大方塊先以酒同水燉有七八分熟加醬

油一杯花椒料葱姜桂皮一小片不可蓋鍋俟

其將熟蓋鍋以悶之總以煨火為主　或先用

油姜煮滾下肉煮之令皮略赤然後用酒燉之

加醬油椒葱香蕈之類　又或將肉切成塊先

用甜醬擦過纔下油烹之

醬肉法

猪肉用白水煮熟去白肉併油絲務令淨盡取

純精的切寸方塊子醃入好豆醬內晒之

火腿醬法

用南火腿煮熟切碎丁　如火腿過鹹即當用水先泡淡些然後煮之

去皮單取精肉用火將鍋燒得滾熱將香油先

下滾香次下甜醬白糖甜酒同滾煉好然後下

火腿丁及松子核桃瓜子等仁速炒翻取起磁

罐收貯其法每火腿一隻用好麵醬一斤香油

一斤白糖一斤核桃仁四兩去皮打碎花生仁炒去

膜打碎松子仁四兩瓜子仁二兩桂皮五分砂仁

五分

做猪油丸法

六　第四十圖

將豬板油切極細加雞蛋黃蔘豆粉少許和醬
油酒調勻用杓取收掌心搖丸下滾水中隨下
隨撈用香菰冬筍俱切　條加葱白同清肉汁
和水煮滾乃下油丸煮滾取起食之甚美

蒸豬頭法

豬頭先用滾水泡洗刷割極淨纏將裏外用臨
擦遍暫置盆中二三時久鍋中襯放涼水先滾
極熟後下豬頭所擦之鹽不可洗去煮至三五
滾撈起以淨布揩乾內外水氣用大蒜搗極細
如有鮓神擦上內外務必週遍置蒸籠內蒸至
花更妙

極爛將骨抜去切片拌齊芥末柑花蒜醋食之

俱妙

又法

猪頭買來悉如前法洗淨裹面生葱連根塞滿

外面以好甜醬抹勻一指厚用木頭架於鍋中

底下放水離猪頭一二寸許不可淹着上面以

大磁盆覆蓋週圍用布塞極密勿令稍有出氣

慢火蒸至極爛取出去葱切片吃之甚美

做肉鬆法

用猪後腿整個紫火煮透切大方斜塊加香蕈

用原湯煮至極爛取精肉用于扒碎炙用好甜

酒清醬大茴末白糖少許同肉下鍋慢火拌炒

至乾取起收貯

假火肉法

鮮肉用鹽擦透再用紙二三層包好大窑水灰

內過一二日取出煮熟食之與火肉無二

煮老豬肉法

以水煮熟取出用冷水浸冷再煮卽爛

醃肉法　與前醃肉二條參看

猪宰完破開切成二斤或斤半塊子取去骨頭

附
錄

將鹽研末以手搌末擦肉皮一遍再將所取之

脊鋪於缸底先下整花椒拌鹽一層後下約一

層其肉皮當向下總以一層肉一層鹽椒下完

面上多蓋鹽椒用紙封固過十餘天可吃如吃

時取出仍用紙封固勿令出氣其肉缸放不冷

不煖之處方好醃豬頭亦如是其骨棄之

風豬小腸法

豬小腸放磁盆內先滴下菜油少許用手攪勻

候一時久下水如法洗淨切作節段每節量長

一尺許用半精白豬肉剁極碎下豆油酒花椒

蔥珠等料和勻候半天久裝入腸內只可八分

不可太滿兩頭紮緊鋪層籠內蒸熟風乾要用

當再蒸熟切薄片吃之甚佳

白煮肉法

凡要煮肉先將皮上用利刀橫立刮洗三四次

然後下鍋煮之隨時翻轉不可蓋鍋以閉得肉

香為度香氣出時即抽取灶內火蓋鍋悶一刻

榜起片吃有味　又云白煮肉當先臨冶水一盆置鍋邊煮拔三次分外鮮美

風雞鵝鴨法

醃薰之法與前醃薰豬肉同但肉厚處當剖開

加米醋少許又或起先竟不用鹽醃完完時剖

開肉厚處用豆油麵醬酒醋花椒之類和汁刷

之薰乾不時取出再刷更佳

風板鴨法

每鴨一隻配鹽三兩牙硝一錢將鴨如法宰完

去腹內用牙硝研末先擦腹及各處之有刀傷

者然後將鹽炒熱遍擦就好俟水滾透放下雞

鴨一滾不可太久撈起即下冷水援之取起下

鍋再滾再援如是三五次試熟即可取吃不可

煮頓致油走化大減成已

悶雞肉法

先將肥雞如法宰洗砍作四大塊用猪油下鍋

煉滾下雞烹之少停一會取起去油用好甜醬

花椒料逐塊抹上下鍋加甜酒悶數滾熟爛加

葱花香蕈取起吃之甚美

新鮮鹽白菜炒雞法

爬嫩雌雞如法宰了切成塊子先用葷油椒料

炒過後加白水煨火燉之臨吃下新鮮鹽白菜

加酒少許不可蓋鍋蓋則黃色不鮮

食牛肉乾法　鹿肉乾同

生肉切成大片約厚一寸將鹽攤放平處取生

肉塊順手平平丟下隨手取起翻過再丟兩□

均已粘鹽丟下時不可用手按壓拿起輕輕抖

去浮鹽亦不可用手搽擦逐層安放盆內用石

壓之隔宿將鹵洗肉取出鋪排稻草上晒之不

時翻轉至晚收放平板上用木棍趕滾使肉堅

寶光亮臨逐層堆板上用重壓蓋次早取起再

晒至曬再滾再壓內外用石壓之隔宿或一兩

天取起掛在風處一月可吃雞鶁有大小配鹽

當以每片加一左右極多至加一五切不可過

封雞法 多

將雞宰洗乾淨脚彎處用刀鋸一下令筋略斷

將脚顧轉插入屁股內烘熱用甜醬擦遍下滾

油翻轉烹之俟皮赤紅取起下鍋內用水漫火

先煮至湯乾雞熟乃下甜酒青醬椒角（整粒）用之再

燉至極爛加椒末葱珠用碗盛之好吃或將雞

砍作四大塊及小塊皆可然總不及整個之味

全

假燒雞鵝法

将鸡鸭宰完洗净砍作四大块擦甜酱下滚油

烹遍取起下砂锅内用好酒清酱花椒角茴同

煮至将熟倾入铁锅内慢火烧乾至焦当随时

翻转勿使粘锅

顷刻熟鸡鸭法

用顶肥鸡鸭不下水乾退毛後挖一孔取出腹

内碎件装入好梅乾菜令满用猪油下锅炼滚

下鸡鸭烹之至红色香熟取起剥去焦皮取肉

片吃甚美

关东煮鸡鸭法

先用一盆冷水放在鍋邊纔用水下鍋不可太

多只淹得雞鴨第三日早取出晾半天裝入罈

內如裝久潮濕取出再晾此做牛肉乾之法也

要吃時取肉乾切成二寸方塊用雞湯或肉湯

淹牛脯有二寸許加大蒜瓣十數枚不打破同

煮至湯乾取起每塊切作兩塊_{爲妙}須橫切再折作

粗條約指頭大再用甜酒和好豆油以牛脯多

寡配七八分再煮至乾食之極美

食鹿尾法

此物當乘新鮮不可久放致油乾肉硬則味不

全矣法先用涼水洗淨新布裹密用線紮緊下
滾湯煮一袋烟時取起退毛令淨放磁盤内和
醬及清醬醋酒薑蒜蒸至熟爛切片吃之又云
先用豆腐皮或鹽酸菜包裹外用小繩子或錢
串紮得極緊下水煮一二滾取起去毛淨安放
磁盤内蒸熟片吃

食熊掌法

先用溫水泡軟取起再用滾水盪退去毛令淨
放磁盤内和酒醋蒸熟去骨將肉切片裝磁盤
內下好肉湯及清醬酒醋薑蒜再蒸至極爛好

吃

炒野味法

炒野雞麻雀及一切山禽等類皆當用茶油為
主用芝蔴油則切不可用猪油先將茶油同飯粒
數慢火滾數滾撈去飯顆下生姜絲炙赤將鳥
肉配甜醬瓜姜切細絲下去同炒數遍取起用
甜酒豆油和下再炒至熟好吃若麻雀取起時
當少停一會繞下去再炒

煮燕窩法

用滾水一碗投炭灰少許候清將清水傾起入

燕窩泡之卽霉黃亦白撕碎淘淨次將煮熟之
肉取半精白切絲加雞肉絲更妙入碗內裝滿
用滾肉湯淋之傾出再淋兩三次其燕窩另放
一碗亦先淋兩三遍候肉絲淋完乃將燕窩逐
條鋪排上面用淨肉湯去油留清加甜酒豆油
各少許滾滾淋下撒以椒麵吃之　又有一法
用熟肉剉作極細丸料加菉豆粉及豆油花椒
酒雞蛋清作丸子長如燕窩將燕窩泡洗撕碎
粘貼肉丸外包密付滾湯盞之隨手撈起候一
齊做完盞好用清肉湯作汁加豆油甜酒各少

許下鍋先滾一二滾將丸下去再一滾卽取下

碗撒以椒麵葱花香菰吃之甚美或將燕窩包

在肉丸內作丸子亦先溫熟餘全

煮魚翅法

魚翅整個用水泡軟下鍋煮至手可撕開就好

不可太爛取起冷水泡之撕去骨頭及沙皮取

有條縷整齊者不可撕破鋪排扁內晒乾收貯

磁器內臨用酌量碗數取出用清水泡半日先

煮一二滾洗淨配煮熟肉絲或雞肉絲更妙香

菰同油蒜下鍋連炒數遍水少許煮至發香乃

用肉湯纔淹肉就好加醋再煮數滾粉水少許
下去並葱白再煮滾下碗其翅頭之肉及嫩皮
加醋肉湯煮作菜吃之

煮鮑魚法

先用藥剪切薄片子水泡洗煮熟撈起配新鮮
肉精的打橫切薄片子下鍋先炒出水煮至水
乾看肉若未熟當再下點水煮乾熟纔將鮑魚
下去加蒜瓣切薄片子牛荼甌肉湯和粉同炒
少總以硬軟得宜爲要至粉蒜熟取起此項
湯粉不可太多亦不可太
不下鹽醬以鮑魚質本鹹故也

煮鹿筋法

筋買來盡行用水泡軟下鍋煮之至半熟後撈

起用刀刮去皮骨取淨晒乾收貯臨用取出水

泡軟清水下鍋煮至熟但不可取起每條用刀

切作三節或四節用新鮮肉帶皮切作兩指大

片子仝水先下鍋內慢火煮至半熟下鹿筋再

煮一二滾和酒醋鹽花椒八角之類至筋極爛

肉極熟加蔥白節裝下碗其醋不可太多令吃

者不見醋味爲主

炒鱔魚法

先將魚付滾水抄溫盪捲圈取起洗去曰膜剔取

肉條撕碎用蘇油下鍋併姜蒜炒燃數十下加

粉滷酒和勻取起

頓腳魚法

先將腳魚宰死下涼水泡一會纔下滾水盪洗

刮去黑皮開甲去腹腸肚穢物砍作四大塊用

肉湯併生精肉姜蒜同頓至魚熟爛將肉取起

只留腳魚再下椒末其蒜嘗多下姜犬之臨吃

時均去之　又法大腳魚一個配大雌雞一個

各如法宰洗用大磁盆底鋪大葱一重併蒜頭

醒園錄　　卷七　　　第四十四

大料花椒薑將魚雞安下上蓋以大蔥用甜酒
清醬和下淹密隔湯頓二炷香久熟爛香美

醉螃蟹法
用好甜酒與清醬配合酒七分清醬三分先入
罈內次取活蟹已死者不可用用小刀於背甲當中處
扎一下隨用鹽少許填入乘其未死即投入罈
中蟹下完後將罈口封固三五日可吃矣

醉魚法
用新鮮鯉魚破開去肚內雜碎醃二日翻過再
醃二日即於滷內洗淨再以清水淨晾乾水氣

入燒酒內洗過裝入罈內每層魚各放些花椒

用黃酒灌下淹魚寸許再入燒酒半寸許上面

以花椒蓋之泥封口總以魚只裝得七分黃酒

淹得二分燒酒一分可成十分滿足吃時取底

下的放豬板油細丁加椒葱刀切極細如泥全

頓極爛食之眞佳品也　如遇夏天將魚哂乾

亦可如法醉之

糟魚法

將魚破開不下水用鹽醃之每魚一斤約用鹽

二三兩醃二日卽於滷內洗淨再以淸水擺淨

去鱗翅及頭尾於日中晒之候魚半乾太乾不可砍

作四塊或八塊肉厚處取做就之糟云擂酒之

糟加鹽少許裝入罈內

候發香糟物者是也聽用每魚一層蓋糟一

層上加整花椒逐管用糟及椒安放罈內如糟

汁少微覺乾便取好甜酒酌量傾入用泥封罈

口四十天後可吃臨吃時取魚帶糟用豬板油

細丁拌入碗盛蒸之　糟豬雞等肉同法但魚

用生的入糟豬雞等肉須煮熟乃可

頃刻糟魚法

將醃魚洗淡以糖霜入火酒內澆浸片刻即如

糟透鮮魚亦可用此法

做魚鬆法

用粗絲魚如法去鱗肚洗淨蒸略熟取出去骨

淨盡下好肉湯煮數滾取起和甜酒微醋清醬

加八角末姜汁白糖蘇油少許和勻下鍋拌炒

至乾取起磁罐收貯

酥魚法

不拘何魚即鯽魚亦可凡魚不去鱗不破肚洗

淨先用大葱厚鋪鍋底下一重魚鋪一重葱魚

下完加清醬少許用好香油作汁淹魚一指鍋

蓋密用高粱桿火煮之至鍋裏不響為度取起

吃之甚美且可久藏不壞

蝦羹法

將鮮蝦剁去頭足壳取肉切成薄片加雞蛋

菉豆粉香圓絲香菰絲瓜子仁和豆油酒調勻

乃將蝦之頭尾足壳用寬水煮數滾去渣澄清

再用諸油同微蒜炙滾去蒜將清湯傾和油內

煮滾乃下和勻之蝦肉等料再煮滾取起不可

太熟

魚肉耐久法

夏月魚肉安香油久久不壞

夏天熟物不臭法

大甕一個擇其口寬大者中間以梗灰乾鋪於

底將碗盛物放在上面甕口將小布棉褥蓋之

再以方磚壓之勿令透風走氣經宿雖盛暑不

臭明日將要取用先燒熱鍋即傾入重熱若少

停便變味

卷上終

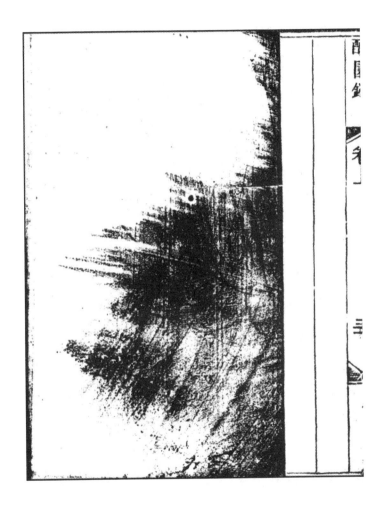

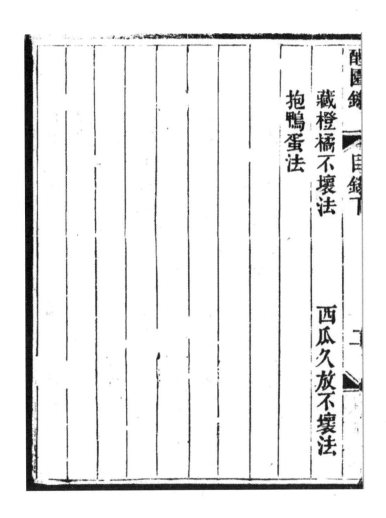

藏橙橘不壞法　　西瓜久放不壞法

抱鴨蛋法

醒園錄卷下

羅江　李化楠　石亭手抄

醃鹽蛋法

用蘆草灰木炭灰或稻草灰亦可二灰用六成

七成黃土用四成三成有粘性可粘住就好灰

土拌成一塊每三升土灰配鹽一升酒和泥塑

蛋將大頭向上小頭向下密排罈內十多天或

半月可吃合泥切不可用水一用水卽蛋白堅

實難吃矣

變蛋法

第四十圖

《醒園録》注疏

332

用石灰木炭灰松柏枝灰礱糠灰四件少不可
與各灰加鹽拌勻用老粗茶葉煎濃汁調拌不
平等
硬不軟裹蛋裝入罈內泥封固百天可用其鹽
每蛋只可用二分多則太鹹　又法用蘆草稻
草灰各二分石灰各一分先用相葉帶子搗極
細泥和入三灰內加礱糠拌勻和濃茶汁塑蛋
裝罈內半月二十天可吃

醬雞蛋法

用雞蛋帶殼洗極淨醃入醬內一月可吃但不

用煮取黃生吃之甚美其漬化如水可搵物當

白煮蛋法

將蛋同涼水下鍋煮至鍋邊水响撈起用涼水泡之候蛋極冷再放下鍋二三滾取起其黃不熟不生最為有趣

豆油用之

蛋捲法

用蛋打攪勻下鐵杓內其杓當先用生油擦之乃下蛋煎之當輪轉令其厚薄均勻候熟揭起後倣此逐次煎完壓平用豬肉半精白的刀剁不可太細和篓豆粉雞蛋清豆油甜酒花椒八角末

之類或加鹽落併蔥珠等下去攪勻取一小塊
花生更妙

用煎蛋餅捲之如捲薄餅樣將兩頭輕輕折入

逐個包完放蒸籠內蒸熟吃之其味甚美

乳蛋法

每用牛乳三盞配雞蛋一枚胡桃仁一枚研極
細末冰糖少許亦研末和勻蒸熟吃之甚美兼
能補益老人虛燥有痰者加老薑汁一茶匙更妙

做大蛋法

用豬尿胞一個將灰拌用腳端踏至大不拘雞
鵝鴨蛋一樣打破傾碗內隨用多少調和裝入

胞内紫緊口外用油紙包裹沉井底一夜次日

取出煮熟剖開胞内黃白照舊如大蛋一般甚

妙

治乳牛法

揀帶团子母牛如法加料喂之不令飲水單用

飯湯飲之以助乳勢每日可擠兩次早晚臨取

時用熱水將肚下及乳房處先盪洗一遍去其

臭味然後再用熱水溫洗其乳令熱欲擠之手

亦要溫熱擠之卽下此一定之法若非盪熱半

點不下

取乳皮法

將乳漿入鉢內安滾水中溫滾用扇打之令面
上結皮取起再扇再取令盡棄其清乳不用將
皮再下滾水置火中煎化　約每入配下好茶滷
　　　　　　　　　　　　水一碗
一大盂加芝蔴胡桃仁各研極細篩過調勻吃
之甚好若要鹹加鹽滷少許若將乳皮單吃補
益之功更大

做乳餅法

初亥用乳一盞配好米醋半盞和勻放滾水中
溫熱用手聚之自然成餅原水只下乳一盞不

用加醋三四次各加米醋少許原水不可丟棄

後傲此其乳餅若要吃鹹些仍留原汁加鹽少

許亦可或將乳醋各另盛一碗置滾水中預先

燙熱然後量乳一盂和醋少許聶之成餅二三

次時乳中之汁若剩至太多卽當傾去只留少

許

芝蔴茶法

先用芝蔴去皮炒香磨細先取一酒盂下碗入

鹽少許用快子順打至稠硬不開再下鹽水順

打至稀稠約有半碗多然後用紅茶熬釅俟略

温調入半碗可作四碗吃之　又法用牛乳隔

水頓二三滾取起晾冷結皮將皮揭盡配碗和

芝蘇茶吃

杏仁漿法　作茶吃

先將杏仁泡水去皮尖與上白米飯米對配磨

漿墜水加糖頓熟作茶吃之甚為潤肺　或單

用杏仁磨漿加糖亦可　或用杏仁為君米用

三分之一無小磨用白搗爛布濾

千里茶法

白沙糖四兩白茯苓三兩薄荷葉四兩甘草一

兩共爲細末煉密爲丸如棗子大每用一丸嚼

化可行千里之程不渴

蒸黏糕法

每糯米七升配白飯米三升清水淘淨泡隔宿

撈起舂粉篩細配白糖五斤紅糖亦可澆水拌勻以

用手抓起成團爲度不可太濕入籠蒸之俟熟

傾出晾冷放盆內用手極力揉勻至無白點爲

度再用籠圈安放平正處底下及週圍俱用笋

殼舖貼然後下糕用手壓平去圈成個

蒸雞蛋糕法

醒園錄 卷五 第四十函

每麵一斤配蛋十個白糖半斤合作一處拌勻

蓋密放灶上熱處過十飯時入蒸籠內蒸熟以

快子插入不粘為度取起候冷定切片吃　若

要做乾糕灶上熱後入鉄爐熨之

蒸蘿蔔糕法

每飯米八升加糯米二升水洗淨泡隔宿舂粉

篩細配蘿蔔三四斤刮去粗皮擦成絲用熟猪

板油一斤切絲或作丁先下鍋略炒亥下蘿蔔

絲同炒再加胡椒麺葱花鹽各少許全炒蘿蔔

半熟撈起候冷拌入米粉內加水調極勻挑起

墜有整塊入蒸籠內蒸之 先用布襯

不致大稀入籠底 快子插入

不粘卽熟矣　又法豬油蘿蔔椒料俱不下鍋

卽拌入米粉同蒸

蒸西洋糕法

每上麵一斤配白糖半斤雞蛋黃十六個酒娘

半碗擠去糟只用酒汁合水少許和勻用快

子攪吹去沫安熱處令發入蒸籠內用布鋪好

傾下蒸之

做蒸豆糕法

蒸豆粉一兩配水三中碗和糖攪勻置砂鍋中

卷六　第四十函

煮打成糊取起分盛碗中即成糕

蒸蒿菜糕法

飯米一斗用水洗泡配菜葉五斤洗淨切極細

拌米合磨成漿將糖和微水下鍋煮至滴水成

珠傾入漿內攪勻用碗量水蒸籠內蒸熟纔重

重傚此下去如蒸九重糕法甚美每重以薄為

妙

蒸茯苓糕法

用軟性好飯米舂得極白研麵用極細篩篩過

每斤麵配白糖六兩拌勻下屜籠內用手排實

末下時先挈高麗紙一重蒸熟

白糯米再加二三成蓮肉芡實茯苓山藥等末　又法用七成白粳米三成

拌勻蒸之

又法用上好白飯米洗淨原乾不可泡水研極細

麵再用上白糖每斤配水一大碗攪勻下鍋攪

煮收酒麩滾取起候冷澄去渾底即取多少酒

入米麵令濕用手隨酒隨攪勿令成塊至潮濕

普遍就好先用淨布鋪於層籠底將麵篩下抹

平畧壓一壓用銅刀先行剖劃條塊子蒸熟取

起候冷擺開好吃

又法亦用飯米洗泡舂粉用白糖水和拌篩下層

籠內打平再篩餡料一重又篩米麵一重若要

多餡放此再加二三重皆可篩完抹平用刀劃

開塊子中央各點紅花蒸熟用核桃肉松瓜等（一名封糕餡料）

仁研碎篩下

鬆糕法　即發糕

用上白飯米洗泡一天研磨細麵糖亦如茯苓

糕提法二者俱備一盃麵一盃糖水一盃清水

加入麴子用麵法麵也　即包子店所攪勻蓋密令發至透下

層籠蒸之要用紅的加紅麵末要絲加青菜汁

要黃加美黃即各成顏色

煮西瓜糕法

揀上好大西瓜劈開剖瓢撈起另處瓜水汁另

作一處先將瓜瓢瀝水下鍋煮滾再下瓜瓢仝

煮至發粘取起秤重與糖對配將糖同另處瓜

汁下鍋煮滾然後下瓜瓢煮至滴水不散取起

用罐裝貯 具子另揀炒下去 如久雨潮濕發霉面霉 將浮

點用快子揀去連罐坐慢火

糖上徐徐澆之取起勿動

山查糕法

將鮮山查水煮一滾撈起去皮核取淨肉搗爛

再用細竹篩手磨擦去根秤重與白糖對配不

紅加紅顏料拌勻或印或攤整個切條塊收貯

倘水氣不收難放用爐火排平隔紙將糕排在

紙上紙蓋一二層水氣收乾裝貯

又法水煮熟去皮留肉并核將煮山查之水下糖

煮滾泡浸查肉酸甜可作圍碟之用

薔薇糕法

薔薇天明初開時取來不拘多少去心蒂及葉

頭有白處鋪於鑵底用白糖蓋之熨緊明日再

取如法後傚此候花過將鑵內糖花不時翻轉

至花罨爛將鑵坐於微火煮片時而飴糖和勻

紫縈候用

桂花糖法

用白糖十斤先煮至滴水不散下粉漿二斤_粉

即以麥麩微麪篩麪筋　再煮至如龍眼肉樣下

成後所餘之水是也

桂花滷梅桂滷亦可　再煮傾起候冷川麪趕攤開整

領剪塊若要煮明糖候煮硬些二取起上下用芝

蔴鑄壓以麪趕攤開按西瓜糕及此桂花

糖內均可量加飴糖

做饢餃法

上好乾白麪一斤先取起六兩和油四兩_{極多用至}

第四十函

六兩便與同麵和作一大塊揉得極熟下剩麵

頂高錛錛

十兩配油二兩三多至添水下去和作一大塊揉

匀繞將前後兩麵合作一塊攤開再合再攤如

此十數遍再作小塊子攤開包下餡下爐熨之卽

爲上好錛錛　又法每麵一斤配油五六兩加

糖不下水揉匀作一塊做成餅子名一片瓦

又法裏面用前法半油半水相合之麵外再用

單水之麵薄包一重酥而不破其餡料用核桃

肉去皮研碎半斤松子瓜子二仁各二兩香圓

絲橘餅絲各二兩白糖板冲入餡糖卽如不用板油矣月餅

同法

做滿洲餑餑法

外皮每白麵一斤配猪油四兩滾水四兩攪匀

用手搓至越多越好内面每白麵一斤配猪油

半斤如攪乾些再加油揉極熟總以不硬不軟為度纔

將前後二麵合成一大塊揉開攤開打捲切作

小塊攤開包餡即核桃等類下爐熨熟月餅同法肉

或用好香油和麵更妙其應用分兩輕重與猪

油同

做米粉菜包法

用飯米春極白洗泡濾乾磨篩細粉將粉置大

盆中留餘一大碗先將凉水下鍋煮滾然後將

大碗之粉勻勻撒下煮成稀糊取起傾入大盆

中和勻成塊再放極淨熱鍋中拌採極透恐皮不

入熱鍋取起晶做菜包任薄不破如做不完

亦可

濕巾蓋密隔宿不壞若要做薄皮當調硬些切不可太稀要緊又法

將米粉先勻作數次微炒不可過黃餘悉如前

法　其餡料用芥菜擣去汁水青蒜切碎同肉

皮白肉絲油炒牛熟包入又或用熟肉切細香

菇冬笋豆腐乾鹽落花生仁橘餅冬瓜香圓片

各切匀齊將冬笋先用滾水盪熟豆腐乾用油

炒熟次取肉下鍋炒一滾再下香菰冬笋豆腐

乾同炒取起拌入花生仁等料包之或加蛋條

亦好此項只宜下鹽切不可用豆油以豆油能

令皮黑故也　凡做消邁及蕨粉包肉餡悉如

菜包其蕨粉皮如做米粉法

晒番薯法

揀好大條者去皮乾淨安放層籠內蒸熟用米

篩摩細去根晒去水氣揉作條子或印或糕餅

晒乾裝入新磁器內不時作點心甚佳

二

第四十函

煮香菰法

將菰用水洗濕至透撚微乾熱鍋下猪油加姜絲炙至姜赤將菰放下連炒數下將原泡之水從鍋邊高處週圍循傾下立下立滾隨即取起候配烹調各菜甚脆香凡所和之物當候煮熟隨下隨起切不可久煮以失菰性

東洋醬瓜法

先用好麵十斤炒過大豆粉二升或稱重二二共冷水作餅蒸熟候冷厚兩掌大於不透風煖處醬之下用蘆蓆鋪勻餅上用葉厚蓋醬至黃

衣上爲度去葉翻轉黃透晒乾漂露愈久愈妙

瓜每斤配食鹽四兩此獨用鹽多者以醃四五鹽滷下醬之故

天將瓜撈起晒微乾瓜滷候澄清去底下渾脚

後即將清滷攪前麵豆餅作醬或磨過更妙醬

與瓜對配裝入磁礶內不用晒日候一月可開

乾醬瓜法

二三月天先將小麥洗磨略碎不過篩節要做

以磨細籮和滾水做成磚條塊子蓋於煖處令

其發霉務透晒乾收貯候瓜熟買來剖作兩瓣

銅錢刮去瓤用滾透熟冷水洗淨布拭乾再用

石灰一斤亦用滾熟冷水泡澄去渾底將瓜泡

下只過夜次早洗淨取起用布拭乾用大口高

盆子將黃先研細麵篩過先裝盆底一重次裝

瓜一重又裝鹽一重重裝入上面仍用醬麵

蓋之不用水用麻布蓋晒於初伏日起日晒夜

收一月可吃凡醬晒切不可着一點生水以致

易壞生白每料瓜四十九斤醬麵四十五斤鹽

九斤石灰一斤（研細候用）醬麵鹽灰俱

醃紅甜薑法

揀大塊嫩生薑擦去粗皮切成一分多厚片子

醃瓜諸法

置瓷盆內用研細白鹽少許（或將鹽打滷澄去泥沙淨下鍋再煎之更妙）稍醃一二時辰即逼出鹽水約每斤加成鹽用

白醃梅乾十餘個拌入薑片內隔一宿俟梅乾

漲薑片軟撈起去酸鹹水仍入瓷盆每斤可加

白糖五六兩染舖所用好紅花汁半酒盃拌勻

晒一日至次日嘗之若有鹹酸水仍逼去再加

白糖紅花一二次總以味甜而色清紅為度仍

置日色處晒二三日即可入瓶晒時務將瓷盆

口用紗蒙紮以防螞蟻蒼蠅投入

凡要下醬之瓜總以加三鹽為準但醃法不一
有將瓜剖開配鹽瓜背向下瓜腹向上層層排
入盆內即壓下不動至三四天或五六天撈起
於滷水中洗淨晾乾水氣入醬者有剖開去瓤
晾微乾用灰搔擦內外丟地隔宿用布拭去灰
令淨勿洗水入醬者有剖開撒鹽用手逐塊搔
擦至軟裝入盆內二三天撈起入醬者諸法不
一大約用後二法其瓜更為青脆

醃青梅法

青梅買來即用石灰加水潮濕手搓翻一遍隔

宿將水添滿泡一天嘗看酸澁之味去有七八

為度如未即當再換薄灰水再泡洗淨撈起鋪

開晾風略乾就好不可太乾以致縐縮每梅十斤配鹽七

八兩先拌醃一宿然後用冰糖清灌下令滿隔

三四天傾出煎滾加些白糖候冷仍灌下隔十

天八天再傾再煎纏可裝貯罐內庶可久存不

壞如日久或兩後發霉即當再煎為要 甜薑

法同

醃鹹梅杏法

當梅杏成熟之時擇其黃大有肉者每斤配鹽

四兩先下點水料鹽梅杏同一齊下盆內用手

順順翻攪令鹽化盡為度每日不時攪之切勿

傷破其皮上面用物輕輕壓之三天後裝貯甕

內有病時吃之甚美若欲晒乾每斤只加鹽二

兩五錢醃壓六七天取起晒之晚用物壓之使

扁

醃蒜頭法

新出蒜頭乘未甚乾實者更妙去桿及根用清

水泡兩三天當看辛辣之味去有七八就好如

未卽再換清水再泡洗淨撈起用鹽水加醋醃

之若要吃鹹的每斤蒜用二兩鹽三兩醋先醃
二三日纔添水至滿封貯可久存不壞倘要吃
半鹹半甜當灰水中撈起時先用薄鹽醃一兩
天然後用糖醋煎滾俟冷灌之若太淡加鹽不
甜加糖可也

醃蘿蔔乾法
七八月時候揀嫩水蘿蔔揀五個指頭大的就
好不要太大亦不可太老以七八月正是時候
去梗葉根整個洗淨晒五六分乾收起稱重每
斤配鹽一兩拌揉至水出蔔軟裝入罈內蓋密

第四十四

醒園錄　卷

次早取起同日色處半晒半風去水氣日過薔

冷再極力揉至水出薔軟色赤又裝入罈內蓋

密次早仍取出風晒去水氣收來再極力揉至

潮濕軟紅用小口罐分裝務令結實用稻草打

直塞口極緊勿令透氣漏風將罐覆放陰涼地

面不可晒日一月後香脆可吃先開吃一罐完

然後再開別罐庶不致壞若要作小葉菜碟用

先將蘿蔔洗淨切作小指頭大條約二分厚一

寸二三分長就好晒至五六分乾以下作法與

整蘿蔔同

醃落花生法

將落花生連壳下鍋用水煮熟下鹽再煮一二

滚連汁裝入缸盆內三四天可吃　又法用水

煮熟撈乾棄水醃入鹽菜滷內亦三四天可吃

又法將落花生同菜滷一齊下鍋煮熟連滷裝

入缸盆登時可吃若要出門撈乾包帶作路菜

不壞　按後法雖較便但豆皮不能擠去若用

前法豆皮一擠就去雪白好看

醃芥菜法

整叢芥菜取來將菜頭老處先行砍起另煮外

其菜身剖作兩半若大叢的當剖作四半晒至
乾軟晾得兩天收脚盆內每菜十斤當配鹽三斤若要
淡些加二斤半亦可將鹽先撥一半撒在菜內以手揉至
鹽盡菜軟收入大桶內上用大石壓之過三天
先將淨脚盆安放平穩地方盆上橫以木板用
米籃架上將菜撈入籃內上面仍用大石壓至
汁出盡一面將汁煎滾候冷澄清一面將菜纏
作把子將原留之鹽重重配裝甕內上面用十
字竹板結之以結實為要纔將清汁灌下以淹
密為度甕口用泥封固甕只可小的不必太大

做霉乾菜法

將芥菜砍晒二日足每十斤配鹽一斤拌採出

汁裝入盆內用重石壓之六七天要撈起時用

原滷擺洗去沙晒極乾蒸之務令極透晾冷極

力採軟再晒再蒸再採四五次為度纏作把子

收裝罈內塞緊候用或要蒸時每次用老酒濕

之更為加料無比矣

做辣菜法

取芥菜之旁芽內葉併心尾二三節晒兩日半

其心節當剖開晒好切節以寸為度用清水

比菜略多些一將水下鍋煮至鍋邊响時下菜用

杓翻兩三遍急取起擠去水氣用姜絲淡鹽花

作速合拌收入磁罐內裝塞極緊勿令稀鬆其

罐嘴用芥葉滾水微盪過二三重封固將嘴倒

覆灶上二三時久移覆地下一週日開用好吃

鹹的用鹽醋猪油或蘇油拌吃甜的用糖

醋油拌吃

甜辣菜法

用白菜帮带心葉一並切寸許長下飯籮俟水

將滾有聲時候落去一抄取起晾乾用好米醋

和白糖加細姜絲花椒芥末蔴油少許調勻傾

入菜內拌勻裝入罈三四天可吃甚美

經年芥辣法

芥菜取心不着水挂晒至六七分乾切作煙條

子每十斤約用鹽半斤好米醋三斤先將鹽醋

煮滾候冷乃下生芥心拌勻用磁瓶分裝好泥

封固一年可吃臨吃時加油醬等料

做香乾菜法　一名窨菜

用生芥心併葉梗皆可切短條子約長寸許醃若

心即整枝用更妙

老的丝不可下去如冬瓜片子樣日晒極乾淡

鹽少許揉得極軟裝入小口罐內用稻草打直

塞緊將罐倒覆地下不必晒日一月可吃或乾

吃或拌老酒或酸醋皆美按鹽太淡即發霉易

每斤菜當加鹽一

兩少亦得

七八錢

做甕菜法

每菜十斤配炒鹽四十兩將菜鹽層層隔鋪揉

匀入缸醃壓三日取起就好入盆內手揉一遍

換過一缸鹽滷留用過三日又將菜取起再揉

一遍又換一缸留滷候用如是九遍乃裝入甕

附錄

367

内每層菜上各撒花椒小茴香如此結實裝好

將留存菜滷每罈入三碗泥封過年可吃甚美

按留存菜滷若先下鍋煮數滾取起

候冷澄清去渾底然後加入更妙

做香小菜法

用生芥心或薹併梗皆可先切碎約一寸長日

晒極乾加鹽少許揉得極軟裝入罐內以好老

酒灌下作汁封口付日中晒之如乾再加酒

做五香菜法

每十斤菜配研細淨鹽六兩四錢先將菜逐葉

披開桿頭厚處撕碎或先切作寸許分晒至六

第四十五

七分乾下鹽揉至發香極軟加花椒小茴醸皮

絲拌勻裝入罈內用草塞口極緊勿令泄氣爲

妙覆藏勿仰一月可吃

攪芥末法

用將滾之水調勻得宜蓋密置灶上略得溫氣

半日後或隔宿開用

煮菜配物法

芥菜心將老皮去盡切片用煮肉之湯煎滾放

下煮一二滾撈起置冷水中泡冷取起候配物

同煮至熟其青翠之色仍舊也不變黃亦不能

過爛甚為好看

做酸白菜法

用整白菜下滾湯盪透就好不可至熟取起先

時收貯煮麵湯留存至酸然後可盪菜裝入罈

內用麵湯灌之淹密為度十多天可吃要吃時

橫切一籬若無麵湯以飯湯作酸亦可　又法

將白菜披開切斷入滾水中只一盪取起得快

好即刻入罈用盪菜之水灌下隨手將罈口封

固勿令泄氣炙日即可開吃菜既酸脆汁亦不

渾

醬芹菜法

芹菜揀嫩而長大者去葉取稈將大頭剖開作
三四瓣曬微乾稈軟每瓣取來纏作二寸長把
子即醃入吃完醬瓜之舊醬內俟二十日可吃
要吃時取出用手將醬擄淨切寸許長青翠香
美不可下水洗若無舊醬即將纏把芹菜每斤
配鹽二兩二錢逐層醃入盆內二三天取出用
原滷洗淨曬微乾將醃菜之滷澄清去渾脚傾
入醬瓜黃內醬黃即東洋醬所用已見前泡攪作醬與芹
菜對配如醬瓜法層層裝入罈內封固不用曬

醃黃小菜法

日二十天可吃矣

用黃芽白菜整個水洗淨掛繩上陰半乾以葉

黃爲度切斷約五分長用鹽揉勻隔宿取出擠

去菜汁入整花椒小茴橘皮黃酒拌勻鹹亦不

可太濕裝入小罐封固三日後可吃若要久放必

將菜汁去盡乃不變味

製南棗法

用大南棗十個蒸軟去皮核配人參一錢用布

包寄米飯中蒸爛同搗勻作彈子丸收貯吃之

二 第四十函

補氣

仙菓不飢方

大南棗一片好柿餅十塊芝蔴半斤炒去皮糯米

粉半斤炒將之蔴先研成極細末候用棗柿同

入在飯中蒸熟取出去皮核子蒂搗極爛和蔴

米二粉再搗匀作彈子丸晒乾收貯臨飢時吃

之若再加人參其妙又不可言矣

耐飢丸

糯米一升淘洗淨潔候乾炒黃研極細粉用紅

棗肉三升細六斤重水洗蒸熟去皮核入石臼內同

米粉搗爛為大丸晒乾滾水冲服

行路不吃飯自飽法

芝蔴一升炒去皮糯米一升共研為末將紅棗、

升煮熟和為丸如彈子大每滾水下一丸可一

日不飢

米經久不蛀法

用蠏兒安放米內則經久不蛀

藏橙橘不壞法

將橙橘藏菉豆中經久不壞

西瓜久放不壞法

第四十

用綿沙鋪地令厚置瓜其上可以久放　安橙
橘等及瓜安放之處俱不可見酒

抱鴨蛋法
用草籠或竹籠裝稻穀襯糠將蛋埋在糠內蓋
密放熱炕上微微烘之就好不可過熱隔五天
煎一盆滾水拌晾至不盪手微溫將蛋取出下
水泡一盃茶久撈起擦乾仍舊安排糠內過五
天倣此再溫二十多天自然出壳不用打破
仙鶴之蛋亦用此法抱之但當先用棉花厚包
纏埋糠內餘同

卷下終

後　記

　　《〈醒園録〉注疏》是我的第一部古籍整理著作。我為
什麼要花如此笨功夫整理清乾隆年間四川的歷史文化名人
李化楠、李調元父子的食譜《醒園録》？因為我在民俗學
教學和科研工作中，經常使用這本書，感到問題不少，自
己想把疑惑弄清楚，也為與我有同樣嗜好的研究者和讀者
提供一個比較可信的讀本，僅此而已，豈有他哉！

　　《〈醒園録〉注疏》主要通過條分縷析的比較研究，揭
示出李化楠《醒園録》抄本的資料來源及其子李調元編纂
刊刻工作中的錯誤，從而梳理出川菜菜系形成的歷史發展
軌迹。文化是一個民族或族群的生活方式及其價值觀念，
它是靠傳承和學習而來的，不是無源之水、無根之木。
《醒園録》一書，從原抄本至《叢書集成初編》鉛印本皆

署名"李化楠手抄",抄自何處?無人道及。拙著《〈醒園錄〉注疏》的貢獻在於理清了該書的資料來源,闡明了《醒園錄》的價值及其在川菜發展史上的地位和作用。

本書前言,是我特意撰寫的長篇論文《不好吳餐好蜀餐——李調元與川菜》,其意試圖作為本書的導讀指南。一家之言,疏誤之處,歡迎讀者不吝指正。

我在收搜集版本和本書寫作過程中,先後得到了四川大學圖書館、重慶市圖書館、中國國家圖書館和羅江文化局的幫助和支持,在此特致謝忱!特別是羅江文化局的賴安海,四川大學歷史文化學院的李倩倩,成都信息工程大學文化藝術學院的牛會娟,四川大學圖書館的林平、丁偉等各位女士和先生對我的幫助尤大,在此特表衷心感謝!

最後,我還要對四川人民出版社社長黃立新先生和本書責編謝雪、鄧澤玲女士表示衷心感謝!感謝你們對本書稿的賞識和悉心編校。

江玉祥

2020 年 12 月 24 日寫於四川大學竹林村蝸居